◆はじめに◆

「理科の教科書にある通り進めても、子どもたちが判っていないみたい。」
「教科書に書いてある通りに実験をやってもうまく行かない。実験しただけで終わっちゃう。」
「1時間の授業の山場や重点がどこか、よくわからない。」
「もともと時間がなくて、予備実験や授業の準備がしっかりできない。」
　これらは、子どもたちのために一所懸命教えたいと願っている先生たちの声です。
　このように、教科書の通りに授業も実験もすすめているけど、授業がうまく行っている感じがしない、とか。
　子どもがわかっているか心配、と感じている先生が、私たちの近くにとてもたくさんいらっしゃいます。
　その原因は、先生でも子どもたちでもありません。
　いろいろな事情から、教科書の教える内容や順序で、「大事なこと」が抜けているからです。
　「物の溶け方」の授業で、「大事なこと」って何でしょう？
　「メダカの卵の育ち方」や「ヒトの誕生」の授業で、絶対に「大事なこと」って何でしょう？
　大事な中味を選ばずに、教え方ばかり工夫しても、子どもたちはすぐに飽きてしまいます。
　そこで理科は正直少々苦手…とお感じの方にも、また、理科はけっこう好きかなとお思いの方にも、役立ちそうな授業記録を集めました。
　子どもたちが学んで驚き、身につく本物の内容をよく選び、授業を一緒に作って行きませんか。
　そんな工夫のきっかけになれたら幸いです。
　授業や準備で困った時、よければ奥付のEメールアドレスへお気軽にどうぞ。
　疑問や材料など、できる限りお力添えできるようにしますので。

玉井 裕和

目　次

編集担当：玉井 裕和

はじめに

1．台風と天気の変化　　　　　　　　　　　　加藤 幸男…01

2．植物の子孫の残し方　　　　　　　　　　　池田 和夫…10

3．種子の発芽条件　　　　　　　　　　　　　宮﨑 亘…19

　　※コラム　種子の発芽条件を試験管でシンプルに　　玉井 裕和…22

4．さかなのくらしと生命のつながり　　　　　井上 龍一…23

5．ヒトのたんじょう　　　　　　　　　　　　有元 恭志…31

6．流れる水のはたらきと土地のつくり　　　　河野 太郎…37

7．電流がつくる磁力＝「電磁石」　　　　　　生源寺 孝浩…45

8．「物の溶け方」の授業　　　　　　　　　　玉井 裕和…53

9．「ふりこ」から「振動と音」へ　　　　　　小佐野 正樹…62

おわりに

台風と天気の変化

宮城・富谷中学校
加藤 幸男

1　単元名「台風と天気の変化」

2　ねらい

　台風の動きと天気の変化を調べながら、「台風が来ると多量の雨が降るけど、その水はどこから来たの？」「台風が来るというけど、台風は自分で動けるの？」「台風は日本ではおなじみの気象現象だけど、世界中、どこでにも来るものなの？」そんな疑問に答える台風の学習にしたい。

3　授業計画（全6時間）

(1) 台風と天気（1時間）

【ねらい】台風は暖かい海からの水蒸気をエネルギー源にして大量の雨と強風をもたらすことを理解する。

【準備】台風の写っている雲写真、台風の動きが分かる映像資料（気象情報、NHK for Schoolのクリップなど）台風についての科学読み物、風の強さの目安の表など。

【授業展開】
　雲写真やビデオ映像を見ながら、台風とはどんな雲なのかを話し合う。

>　1　気象衛星の雲写真を見よう。
> ①台風はどんな形の雲だろうか。
> ②台風はどんなところに発生していますか。

　日本の南の海上で、大きく渦を巻いているような雲が台風の雲である。中心に向かって、時計と反対向きに強い風が吹いていること、発達すると台風の目なども見られることなどのことを話し合う。日本には南の海の方からやって来る。

>　2　台風とはどんなものをいうのだろうか。
> 　　どんな特徴があるのか調べてみましょう。

　熱帯地方にできる「熱帯低気圧」のうちで、最大風速が17.6m以上のものを台風という。風速17mの風についても話し合いたい。
※風速17.2m～20.8m/s未満〈風力8〉
◇地上の様子：**小枝が折れる。風に向かっては歩けない。**

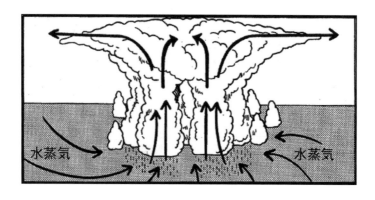

　台風のエネルギー源は海面からの水蒸気だ。熱帯では日ざしが強く、そのため海面からは水蒸気を含んだ空気が次々に上昇して雲ができる。上昇する空気をおぎなうために、まわりの空気が雲の集団に向かって時計の針と反対まわりにどんどん流れ込む。上昇する空気に含まれた水蒸気が凝結し、巨大な積乱雲に発達して台風ができる。このとき出されるたくさんの熱で激しく風が吹き、台風はますます発達する。

　日本に来る台風は、赤道付近や日本の南の海の水蒸気が雨となって降って来ていることなどを話し合う。

> 3　台風が近づくと、どんな天気になるだろうか。
> ①風の強さや雨の降り方はどうなるだろう。
> ②台風が通り過ぎると天気はどうなるだろう。

　強風や大雨になることは、経験的に知っているだろう。雨台風や風台風という場合もある。台風の進路によって、風向きが違うことなども取り上げる。また、台風の目の中は晴れていることなどは子ども興味を引くだろう。台風が通り過ぎると、『台風一過』といって晴れることが多い。

> 4　台風が来ると、どんな災害が引き起こるだろうか。
> 　台風が来ていいことはないのだろうか。

　強風による災害、大雨による洪水や土砂崩れなど教科書の写真を活用して話し合う。また海では、満潮と重なると高潮になる恐れがある。過去の伊勢湾台風の高潮の被害などの話をする。

　いいこととしては、台風によって水不足が解消される地域があったり、沖縄などでは台風の雨は貴重な水資源となっていることも取り上げる。

(2) 台風を追跡①（1時間）

【ねらい】台風の進路や天気の変化について、テレビや新聞、インターネットなどからの情報や資料などを活用して調べることができる。

【準備】東アジア白地図、台風の動きが分かる数日分の天気図・雲写真、雨量情報（新聞やインターネットからの情報や資料など）。教科書の写真。

【授業展開】

　先ず、数日分の天気図や雲写真などから台風の動きを読み取る学習をさせ、天気の変化の調べ方を捉えさせる。

> 1　前ページの天気図の「台5号」は2017年7月の台風5号です。この台風の進み方を追跡してみましょう。
> 　（この台風は動きが遅かったので、1日おきの天気図にしてある。）
> ①台風5号の太い等圧線（1000hpa）以下のところを赤色で塗りましょう。
> ②白地図に7月29日から8月8日までの台風の中心の位置に×をつけ、線で結んで台風5号の進路をたどりましょう。

　台風の中心気圧が低いほど、台風の勢力が強

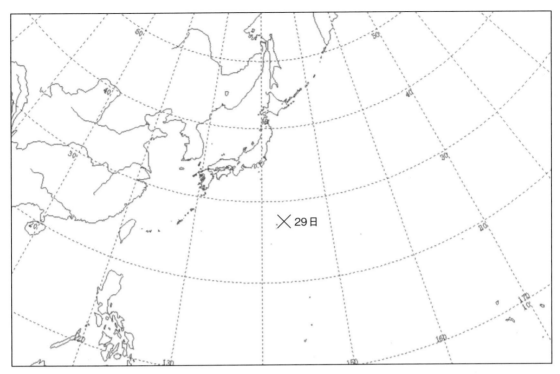

いことなどを話し合いながら色塗りをさせる。雲写真もあれば、台風の目がはっきりしているときが台風の勢力が強い時であることなどもわかるであろう。台風の進み方については、5月頃に学習した『天気の変化』の学習で、「日本の天気は西から変わる」というきまりに台風は当てはまらない動きをしていることにも気づか

せ、何が台風を動かしているのか、疑問を投げかけておく。

　雲写真もあれば、自分が住んでいる近くの都市に、台風の雲がかかっているかどうかを読み取らせて、天気図の天気マークと比べてみる。雨量の資料などもあれば、それも合わせて読み取らせる。台風の動きによって、天気がどのよ

〈参考：2017年　台風5号の移動経路〉

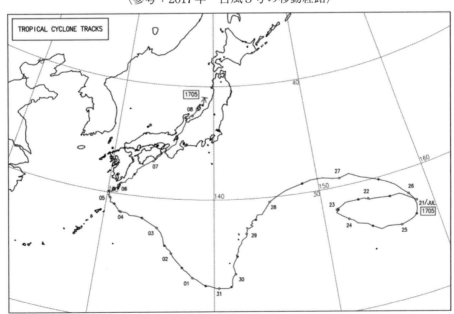

台風と天気の変化　03

2017年「台風5号」の動き

【7月29日】

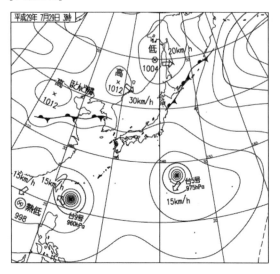

【7月31日】

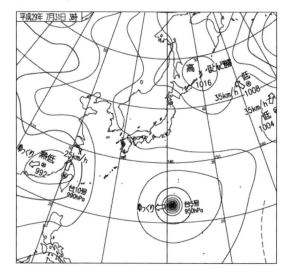

【8月2日】

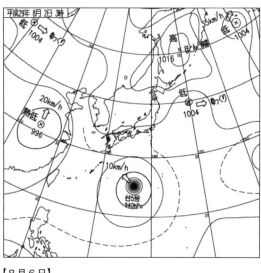

【8月4日】

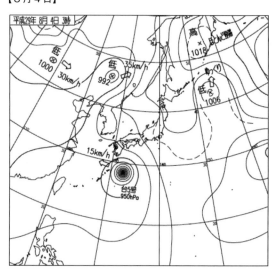

【8月6日】

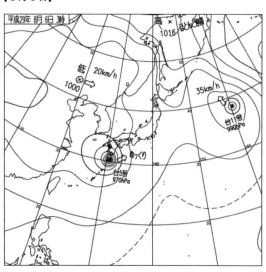

【8月8日】

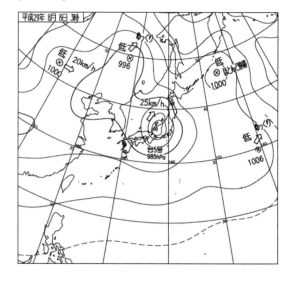

うに変化しているかを調べさせる。

(3) 台風を追跡 ②（毎日10分ぐらい）
【ねらい】実際の台風の強さ、雨や風、動きなどを調べる。
【準備】台風発生からの毎日の天気図や雲画像。天気や雨量情報。記録用白地図。
【授業展開】
　台風の発生や接近の気象情報が入ったら、前時の学習を活かして、台風が消滅するまで何日か続けて台風の動きを記録する。

> 1　台風発生！！自分の住んでいるところにやって来るだろうか。台風の動きや天気を調べよう。
> ①どこに台風はあるかな。
> ②台風の雲がかかっているところはどこだろう。天気はどうなっているだろうか。
> ③台風は、どんな方向に進んでいるかな。
> ④次の日はどのあたりに台風は進むだろうか。

　台風の勢力や雨・風の様子、進路などについてその都度話し合う。自分の住んでいる地域に台風が接近してきた場合や学校行事などが近い場合などは、子ども達の関心も高まるであろう。

(4) 世界の台風（1時間）
【ねらい】台風は日本だけでなく、世界各地にある気象現象であり、発生する場所や進み方にはきまりがあることに気づかせる。
【準備】世界の台風の図、地球規模での大気の動きの図
【授業展開】
　先ず導入で、台風は日本だけに来るものなのか、世界のいろいろなところにも台風は来るものなのか、また、台風の来ないところはあるのか、子どもたちのイメージを聞いてみる。

> 1　世界の台風について、図で調べてみよう。
> ①どんな名前の台風の仲間があるでしょうか。
> ②どんなところで発生しているでしょうか。

　世界各地にも台風と同じ気象現象がみられる。アメリカ周辺ではハリケーン、インド洋ではサイクロンなど、その地域独自の呼び名があるが、発生場所が違うだけで、性質などは「台風」と全く同じである。
　矢印の始まりのところが台風の発生場所である。海の表面水温が26〜27℃の熱帯の広い海で発生する。海面の温度が高いと水蒸気がたくさん発生する。台風のエネルギー源はこの水蒸気に含まれる熱であることを補説する。

> 2　どの台風も進み方は似ているようです。どのように台風は進むでしょうか。
> ①進み方のきまりを見つけよう。
> ②台風は自分では動けないのです。台風を西に動かしているものは何でしょうか。

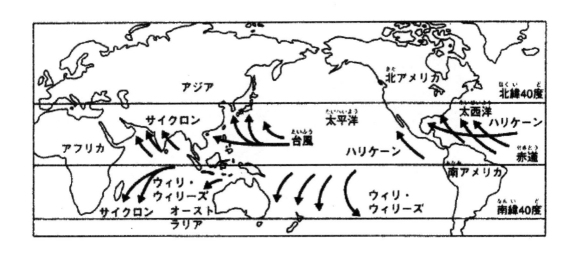

台風と天気の変化　05

どの台風も始めは西に進む。その後に北半球の台風はしだいに進路を北向きに変える。南半球の台風は南向きに進路を変える。

　台風が西に動いていくのはなぜか。このことは、地球規模の大気の動きの図を示して子どもたちに説明したい。

　台風が西に向かうのは、赤道付近の貿易風という東風に流されるためである。

　また、台風の発生する太洋の中緯度には高気圧があり、その高気圧の吹き出す風にのって進む向きを北より（北半球）や南より（南半球）に向きを変える。中緯度付近に来ると、今度は偏西風に流されて、東向きに向きを変える。

　偏西風については、1学期に学習した「天気は西から変わる」ということを想起させたい。台風の動きを調べた時に台風が東寄りに進んだ後に北に向きを変えていたことも、この地球規模の大気の動きから大まかに説明したい。

> 3　台風は海から陸地に接近して行きます。
> ①よく接近するところは大陸のどんなところだろうか。
> ②台風がほとんど来ないところはどんなところだろうか。

　よく接近するところは、大陸の西側か東側かで考えさせる。ほとんどの台風は大陸の東側に向かう。大陸の東側は常に台風に襲われる危険地帯だ。アメリカの東海岸・フロリダに接近するハリケーンのニュースなどを聞いたことのある子どももいるかもしれない。

　逆に台風が来ないところは大陸の西側である。ヨーロッパやアメリカ西海岸には台風はないのである。また、緯度が40度以上のところや大陸内部にも台風は来ない。そのわけを台風のエネルギーの水蒸気の供給という観点で考えさせたい。高緯度では海水の温度が低くなり、台風は衰えてしまうことや、台風が陸に上陸した場合には水蒸気の供給が少なくなり、台風は衰え

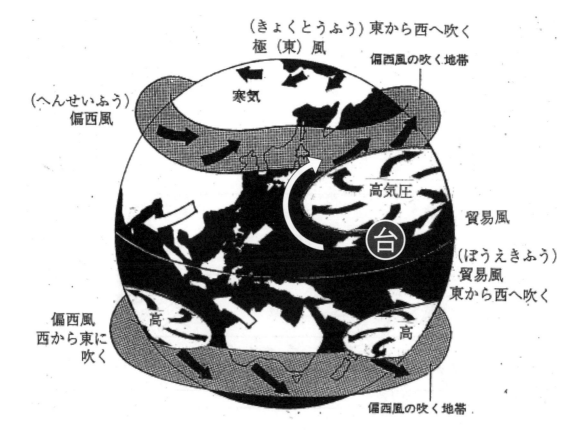

てしまうことを話し合う。

（5）日本に来る台風の進み方（1時間）

【ねらい】台風は1年中発生しているが、日本には8～9月頃に多くやってくることに気づかせる。

【準備】月別台風発生数・接近数及び上陸数の平年値。月別台風の主なコース図。地域別台風接近数の平年値。

【授業展開】

> 1　台風は、南の暖かい海の上で発生して、日本にやってきます。
> ①台風が日本にやってくるのは、何月ごろが多いだろうか。

予想させ、どうしてそう思ったのか話し合わせる。東北では9月頃に台風が接近して来ることが多いので、9月という予想が多いかもしれない。そこで下の表で接近数、上陸数を調べる。（この時「発生数」欄はマスキングしておく。）調べると8月が最も多い。小笠原諸島や沖縄地方だと、やはり8月に接近するニュースが多いことを思い出させる。

子どもたちは「寒い冬に台風が発生するなんて聞いたことがない。」と予想するかもしれない。

> 2　台風は、1月や2月には発生しないのだろうか。

ここで表のマスキングを外す。台風は1年中発生している。2月の発生数は年間0.2であるが0ではない。10年に1個は発生している。

> 3　台風はいつも同じコースを通るわけではありません。9月頃は日本のどのあたりを通ることが多いだろう。
> 　　10月になったら、台風の進路はどう変わるだろう。

教科書には「月ごとの台風の主なコース」の図が載っている。前時の「台風の進み方」を想起させ、貿易風や高気圧の吹き出す風にのって高気圧のヘリ回るように進むこと、最後には偏西風に流されることを話し合う。

次に9月の進路コースを色ペンなどでなぞらせる。本州直撃のコースだ。他の月のコースを見てみると、7月や8月は9月より西側のコースを通る。

これは夏の暑さをもたらす太平洋の高気圧がすっぽり日本をおおっているからだ。7・8月は、台風は高気圧の勢力に押されて日本の西よりのコースをとるのである。太平洋高気圧の勢力が弱くなる9月には、だんだん東よりのコースになって、本州直撃コースとなるのである。10月ともなるとは東の太平洋上を通ることが多い。

> 4　日本で台風が最もたくさん接近・上陸するのは、何地方だろうか。

気象庁の過去の台風資料のHPなどで調べると、何といっても沖縄や九州地方が多いことがわかる。8月などには、台風は迷走することも多く、沖縄付近に長く留まって、被害をもたらすことも多い。しかし台風の雨は、貴重な水資源にもなっている。

台風の平年値

	1月	2月	3月	4月	5月	6月	7月	8月	9月	10月	11月	12月	年間
発生数	0.3	0.1	0.3	0.6	1.1	1.7	3.6	5.9	4.8	3.6	2.3	1.2	25.6
接近数（注1）				0.2	0.6	0.8	2.1	3.4	2.9	1.5	0.6	0.1	11.4
上陸数（注2）					0.0	0.2	0.5	0.9	0.8	0.2	0.0		2.7

台風と天気の変化　07

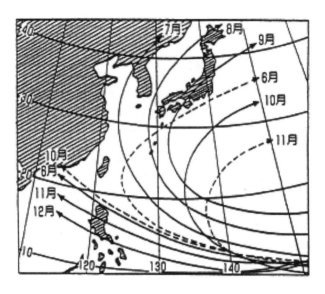

4　発展として

　秋は台風だけなく、秋雨前線による雨も多い。日本の天気に大きく影響を与えている気団も話題にして、南の湿った熱い太平洋気団と北の冷たく湿ったオホーツク海気団の間に梅雨前線と同様に秋雨前線ができること、この前線と台風が刺激し合って大雨となることが多いことも学習したい。

| 1　仙台では、一年のうちで何月に雨が多いだろうか。 |

　子どもたちの予想は、クラスの半数以上が6月ということだった。理由を聞いてみると、「梅雨だから。」との返答である。9月という予想もあって、「台風が来るから。」との理由である。調べてみると、仙台は9月が最も多い。これは

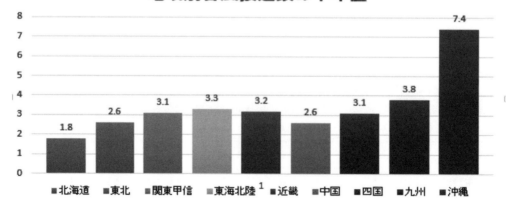

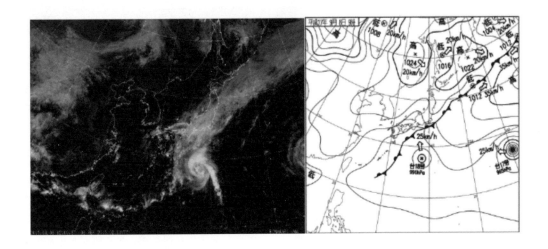

台風の影響だけでなく、秋雨前線による雨が多いことに関係している。

9月頃に台風の進路を追跡する学習の際には、この秋雨前線についても着目させたい。授業では天気図や雲写真を配布して、台風と秋雨前線の位置を確認しながら話し合いをする。前線の南は暖かく湿った空気が広がっているところ（太平洋気団）であり、その縁で台風も元気はつらつだ。しかし前線の北側は冷たい空気のところ（オホーツク海気団）であり、寒さに弱い台風はそこに進むことはできない。よって台風は偏西風にのって、秋雨前線の方に向かって進んでいくことが多いことを予想させ、気象情報などで結果を確認させる。

5　本単元設定の背景

2017年7月に南鳥島付近に発生した台風第5号（アジア名：Noru/ノルー）は、台風として18日18時間存在した「長寿台風」で、これまでに3番目に長い台風でした。日本の南を迷走して奄美地方を通過。その後和歌山県に上陸して富山湾（日本海）へ抜けるという進路をとり、進路予想も非常に困難だったことも記憶に残る台風でした。

日本には平年2.7個の台風が上陸し、多大な被害と雨の恵みをもたらしています。日本にとって台風の影響は非常に大きいものがあります。それゆえ、テレビなどでの気象情報でも、台風の発生があると大きく取り上げられて、勢力や進路予想などの情報がもたらされています。

教科書での台風学習の扱いを見てみると、①台風はどのように進むか、②台風が近づくにつれて天気はどう変るか、の2点について気象衛星の雲画像やアメダスの雨量情報などで調べるようになっています。さらに台風による『災害』についてもふれ、暮らしへ影響についても考えさせています。全体的に気象情報の読み取りと天気の変化の予測が学習の中心です。

発展として『台風のしくみ』の記述も入っていますが、内容的には軽い扱いです。台風とはどんな気象現象なのか、台風の理解と災害に備えるためにも、もう少し台風そのものについても学習を深めましょう。

また台風の進路についても、地球規模での大気の動きとの関係や、9月頃に日本列島をよく縦断するわけを太平洋高気圧との関係からもとらえさせたいものです。さらに、台風は日本だけに見られる気象現象ではないので、世界の台風についても取り上げて、地球規模の広い視野で台風の学習をしたいものです。

地球温暖化の影響なのか、最近の台風は大型化し勢力の強いものが多いように思います。世界でも台風の来襲の多い日本は台風の災害から逃れることはできません。台風の仕組み、進み方を楽しく学習し、台風災害に賢く対処できる子どもを育てていきたいものです。

植物の子孫の残し方

都内公立小学校特任講師

池田 和夫

生物の特徴は、「成長し、子孫を残していく」ということである。5年生では、動物、植物がどのようにして子孫を残しているのかという学習になる。

教科書では、メダカ、ヘチマ、ヒトという個別の生物を取り上げただけの学習になっている。これでは、生物全体を見通すことはできない。

ねらい

花は、植物の生殖器官である。観賞のために見ていることが多いために、植物にとって花の役割は全く理解されていない。多くの植物が花を咲かせる時季に、この学習を設定し、植物にとって花とは何かをとらえさせるようにしたい。

アブラナは、花から実ができる様子を観察することができる。茎についた実は、開花した順に、下の方には大きな実があり、上に行くほど小さくなる。そして、茎の先には花、つぼみがある。

アブラナを主たる教材として、受粉と結実までの学習をすすめる。この学習をもとに、チューリップ、ネズミムギ、マツなどを教材に、植物にとって花とは生殖器官であるという学習に発展させる。

授業計画（全8時間）

1. アブラナの種子は、根、茎、葉、実、花のどこにできる？

ねらい：「種子は実の中にできる」

教材：アブラナ、アブラナの種子、つまようじ、ルーペ、『アブラナ』（七尾 純、小田、七尾企画著、偕成社）

アブラナは、小学校の教材園には欠かすことができない。教材園で、アブラナを充分に観察させる事からはじめる（鉢植えにして理科室に持ち込めれば、時間的なロスはなくなる）。3年生で、植物の体には、根、茎、葉があるという学習をしている。アブラナのそれぞれの箇所を指しながら、根、茎、葉と確認していく。実を指すと、つまってしまう子も出てくる。「くき」と答える子も多いときがある。4年生のヘチマの学習から、「実」と必ず返ってくる。花は全員が答えられる。アブラナの体が、根、茎、葉、実、花でできていて、全体でアブラナであることを確認する。アブラナのそれぞれの箇所を指しながら、子ども達と確認していくことが重要である。

アブラナの種子も観察させる。このアブラナは、1粒の種子から成長し、種子を作っていくことを確認してから、「アブラナの種子は、根、茎、葉、実、花のどこにできるか？」という課題を提示する。ノートに〈課題〉を書かせ、そのあとに〈自分の考え〉として記述させる。記述のさせ方は、「ぼくは、アブラナの種子は○○のところにできる。それは□□だから〜」のように、自分の考えとその根拠を書かせるようにすると、話し合いの中心が明確になる。

ここでの自分の考えは、容易に書ける。ノートに記述させている間に机間巡視し、子ども達の考えを把握していく。授業を展開していくときに、どの子はどのような根拠でどのように考えているのかは欠かすことができないからである。ほとんどの子が「実」と書いていることが多いが、「花」という子も出てくる。ここでは、「多数の意見から取り上げる」ようにしてすすめる。

アブラナの実を配布し、観察して、実の中に種子ができることを確認する。観察は、①実の外観、②実をわり育っている種子の順にさせる。

観察は、スケッチとメモを記述させるようにする。スケッチは、図工のものとはちがう。観察の視点を明確にして、特徴などは、メモとして記録させるようにする。「気づいたことは、発表して！」と呼びかけ、机間巡視をしていく。作業は個人でのものになりがちだが、重要な気づきは全員で共有していきたいからである。①では、「緑色をしている」「でこぼこしていて種子が入っているのがわかる」「花びらがついていた跡がある」「真ん中に線がある」「実の先が黄色くなっている」などの発表がある。いずれも、この後の学習につながる重要なものである。それぞれ確認させながら、観察をさせる。机間巡視の中で優れた観察が見つかれば、近くに呼び寄せ、相互に評価をさせるようにすると、全員の観察の底上げにつながる。②では、「種子が緑色だが、これをまいたら発芽するの？」などと問いかけると、「まだ種子としてはできあがっていないから発芽しない」「これから発芽できる種子になるためにはどうしないとできないのかな？」「栄養をもらって成長していかないと種子にはならない」のようなやりとりになる。そして「種子が実の内側につながっている。ここから栄養をもらって成長する」「内側はやわらかくなっていて、種子がこわれないようになっている」などの発表があり、観察の視点が明確になる。

2．アブラナの花はどのようになっているか？

ねらい：「アブラナの花は、中心にめしべがあり、それを取り巻くように、おしべ、花びら、がくという構造になっている」

教材：アブラナ、アブラナの花、ルーペ、ピンセット

アブラナの茎には、たくさんの実がついている。実の大きさは、下についているものが大きく、上の方の実は新しいものであることは容易にわかる。そして、その上には、花がいくつも咲いている。実と花に何らかのつながりがありそうなことを多くの子は予感する。そこで、「アブラナの花は、どのようになっているか、観察してみなさい」という作業課題を出す。

アブラナの花は、黄色い花びらが目立つが、花の中がどのような仕組みになっているのかはわからない。そこで、1人に1つずつ花を配り、1時間目のように、気づいたことを発表させながら観察させる。①は花の外観、②は分解して花の仕組みを観察させる。①では、「花を上から見ると、真ん中に棒のようなものが1本ある」「そのまわりに、黄色い袋のようなものをつけたものが6本ある」「花びらは黄色くて4枚」「下から見ると、花びらの外に黄緑色の細長いものが4枚ある」などの発表がある。それぞれの名前も教えて観察を続ける。②では、「花びらはさわっていると、すぐにとれてしまう」「花びらには、すじが何本もあって中心に向かっている」「おしべの先の黄色い袋は、さわると黄色い粉がつく」「おしべもすぐにとれる」「がくもとれやすい」「めしべは下の方がふくらんでいる」「めしべはとれない」などの発表がある。それぞれ確認しながら観察させる。

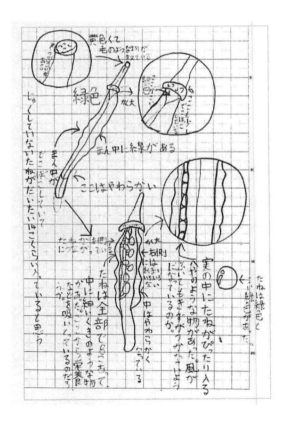

植物の子孫の残し方　11

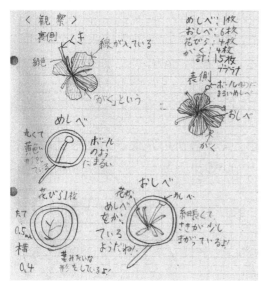

3. めしべ、おしべ、花びら、がく、の何が実になったのか？

ねらい：「めしべが大きくなり実になる」
教材：アブラナの花、ルーペ、解剖顕微鏡

　花は、めしべを囲むように、おしべ、花びら、がくという構造になっている。花の中の何が実に育ったのか、「めしべ、おしべ、花びら、がくの何が実になったのか？」という課題を提示します。〈自分の考え〉を記述させると、めしべが多数になりますが、「おしべ」「がく」も少数意見として発表されることがあります。少数意見から取り上げ、話し合いをさせてから観察をして確認します。「おしべが実になったと思う。おしべは6本あったので、どれかが実になったのだと思う」「がくが実になったと思う。形や色が似ていた」「めしべが実になったと思う。

形が似ているだけでなく、下の方がふくれていて、ここに種子が入っていると思う」おおよそ、このような考えが出されます。討論をはじめると、「おしべは6本もある。実は茎に1本ずつついていたからちがう」「それに、花の観察をしたとき、おしべはぽろぽろと、すぐにとれてしまった。実は種子を作る大切なものだから、落ちてしまったらできない。めしべは落ちなかった」「がくもちがうと思う。形が似てるというが、薄い。めしべは、よく見ると、小さいけど形の細かいところまで似ている」このような討論が展開される。そしてどのように確認するか聞き返すと「めしべの下の方のふくらんだところに種子の小さいものが入っていそう」と返ってくる。

　そこで、めしべのふくらみの所を切り開いて観察する。切り開くのは教師が担当し、ルーペと解剖顕微鏡で観察させる。

4. めしべのままで実になっていないものがある、なぜか？

ねらい：「受粉しためしべが実になる。胚珠が種子になる」

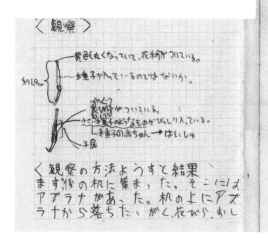

教材：アブラナ、『アブラナ』（七尾 純、小田、七尾企画著、偕成社）

アブラナを観察していくと、ところどころに、めしべのままで実に育っていないものがある。これを教材にして、受粉と結実について学習する。

5．チューリップに種子はあるか？

ねらい：「花は種子を作る器官である」
教材：チューリップの実（種子）、鉢植えのチューリップ（実が大きくなっているもの）『チューリップ』（小田 英智・久保田 秀一 著、偕成社）

アブラナを使い、花と実・種子についての学習をしてきた。花が咲いて実を作り、種子を作って子孫を残していることを、他の植物についても扱い、花と実・種子について、一般化していく学習である。

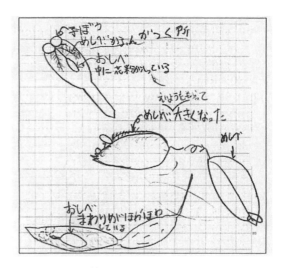

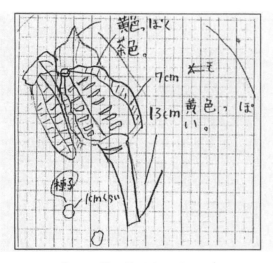

6．ネズミムギに花はあるか？

ねらい：「花びらがなくても、めしべ、おしべがあれば種子ができる」
教材：ネズミムギ、ルーペ、解剖顕微鏡、ピンセット『ムギの一生』（鈴木 公治 著、あかね書房）

花というと、きれいな花びらをつけた花という思い込みは強い。野性の植物を観察すると、小さな目立たない花がたくさんある。虫媒花以外の花についても取り上げ、花の概念を大きく広げる学習である。

7．マツに花はあるか？

ねらい：「樹木にも花はあり、種子を作って子孫を残している」
教材：マツ、『ドングリと松ぼっくり』（写真 平野 隆久、文 片桐 啓子、山と渓谷社）

マツボックリは、図工などで使われることは多いが、この中に種子ができることはほとんど知らない。雄花、雌花があり、花粉は風により受粉することなどを学習する。

マツは、小学校の校庭のどこかには植樹されている。子ども達を連れ出し、マツを観察させる。マツについて学習することを伝えてから観察させると、下に落ちているマツボックリに気づく。持ち帰っていいか、子ども達は許可を求める。1人1つまでという条件で許可する。さらに、雄花もたくさん落ちているので、同様にする。他に気づいたことはないか聞くと、枝についた緑色のマツボックリや、枝先の雌花、雄花などに気づく子ども達が出てくる。

理科室に戻り、「マツには花はあるか？」という課題を出す。〈自分の考え〉を記述させると、ほとんどの子ども達は、「マツにも花はある。マツボックリは実だと思う」「花がなければ、マツは子孫を残せず、絶滅している」「マツの花は、花びらがないのだと思う。カラスムギのように、花粉は風に運ばれる植物だと思う」「スギは花粉症で知られているが、風で花粉を運ぶから花粉症などが広がった。マツもスギと同じ

植物の子孫の残し方 13

ように風で花粉を運ぶから花に気づかなかったのだと思う」のような意見が発表される。中には、持ち帰ったマツボックリの中から種子を見つける子も出てくる。

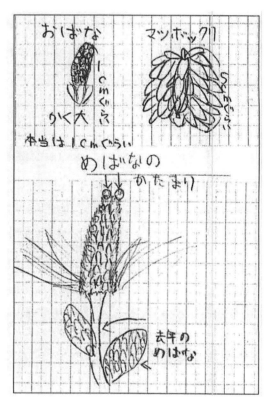

そこで、資料として、『まつぼっくり』を紹介する。資料でマツの雄花、雌花を確認する。

8．受粉のいろいろ

ねらい：「植物は種子を作るために、さまざまな方法で受粉している」

教材：『植物図鑑』

「ここまで学習してきて、自信を持って言えるようになったことはあるかな？」と聞くと、子ども達は、「花は種子を作り、子孫を残していくという、植物にとっては大切な器官だと言うことがわかった」「どんな植物も、子孫を残していくために、花があると思う」「花びらは、昆虫に花粉をつけてもらうためにあるので、風で花粉を運ぶ植物には花びらは必要でない」「今まで、花びらがあるきれいなものが花だと思っていたが、それは受粉を昆虫に頼っている植物

だからということで、花のイメージが大きく変わった」などを発表してくれる。虫媒花、風媒花以外の植物も紹介し、学習を終える。

4時間目の例

めしべのままで実になっていないものがある、なぜか？

〈課題〉の提示

　子ども達をアブラナの周りに集め、これまでの学習を振り返りながら、アブラナを観察していく。すると、ところどころに、めしべのままで実に育っていないものがある。

私：これは何かな？
C：めしべです。
私：ところどころに、めしべのままで実になっていないものがある。なぜかな？
　〈課題〉はわかったかな？
　（板書〈課題〉ところどころに、めしべのままで実になっていないものがある。なぜか？）
では、〈自分の考え〉を書きなさい。

　（机間巡視をしながら、意見分布を確認していく。この課題では、「見当がつかない」という子どもが34人中12人。〈自分の考え〉の中では、「見当がつかない」というという選択肢もあることは、事前に説明してある。ともすると、「わからない」として、コンプレックスのように感じる子どももいる。「いくつかの考えがあり、迷っていて見当がつかない」や「まったく見当がつかない」のかを明確にして、「見当をつけるようにして討論に参加する」ように指導している。5分くらいノート記述をしたところで、意見の発表に移った）

　　？：見当がつかない　　　　12人
　　A：栄養が足りない　　　　　9人
　　B：太陽の光が当たらない　　5人
　　C：花が咲くのが遅かった　　5人
　　D：受粉していない　　　　　3人

〈自分の考え〉の発表

私：意見を発表してもらいます。
？Sさん：私は、まったく見当がつきません。

花が咲いたのだから、実になると思うけれども、実にならないでめしべのままなのがどうしてか、まったくわからないからです。

？Ｆさん：私も、まったく見当がつきません。これまで、花が咲いてめしべが大きく育って実になると学習したのに、めしべのままのものがあるから、見当がつきません。

？Ｕくん：ぼくも、まったく見当がつきません。

？Ｙくん：ぼくは、栄養が届いていないからめしべのままなのかなと思ったけど、上の方に実に育っているものがあるから、それはおかしいし、光が当たらないのもすき間はあるし、アブラナは、下の方から花が咲いて、上に順に咲いていくということを習ったから、迷ってしまいました。

ＤＵさん：私は、実になっているものと比べて、何かが足りなかったんだろうと思います。くわしくはわからないけど。

ＤＫくん：ぼくは、花粉がつかなかったからだと思います。４年生の時にヘチマを育てたとき、雄花の花粉が雌花の先について、実が大きくなると学習したから、アブラナも同じだと思ったからです。

ＤＯくん：Ｋくんに賛成です。ヘチマを育てていたとき、ヘチマの花に虫がたくさん来ていたから、ヘチマはおばなの花粉を虫が雌花につけて、それが大きくなったのだと思いました。

ＣＴくん：ぼくは、花が咲くのが遅かったから、まだめしべなんだと思います。これから大きくなって実になると思います。

ＣＭくん：ぼくもＴくんの意見と同じです。花が咲くのが遅かっただけだと思います。

ＢＯさん：私は、めしべに太陽の光がよく当たらなかったからだと思います。ホウセンカも光が当たるようにして育てたから大きくなった。アブラナも同じで、光が当たらなければ、めしべも実にはならないと思います。

ＢＩくん：ぼくも賛成です。家でアサガオを育てているけど、よく光が当たるようにしてい

るから、アブラナも同じだと思います。

ＡＳくん：ぼくは、栄養が届いていないからだと思います。何かの原因でそのめしべに栄養が届かなかったんだと思います。

ＡＴさん：私も、Ｓくんの考えに賛成です。どうして栄養が届かないかはわからないけど。

〈質問〉〈討論〉

私：それぞれの考えを出してもらったけど、質問はある？

それでは、賛成意見、反対意見を聞いていきます。

？Ｙくん：ぼくは見当がつかないけれど、ＴくんやＯさんの意見に反対です。花が咲くのが遅かったというけど、アブラナは下から順に花が咲いていく植物だから、途中に遅く花が咲いていくのはおかしいし、さっきアブラナを観察したとき、そのめしべのところにも光は当たりそうだったからです。

ＤＫくん：ぼくもＹくんに賛成です。花は順に咲いていくし、光だって、ちゃんと当たるくらいすき間はあるし、栄養が届かないなら、めしべのままの上に大きくなった実があるはずはないから、Ｓくんの考えもちがうと思います。

ＤＯくん：ぼくも、Ｋくんに賛成です。栄養が一部だけ届かないのは変だし、光も当たっているし、花の咲く順番もちがうと思います。

ＤＵさん：私は、ＫくんやＯくんの意見を聞いて、花粉がつかないという意見にします。何か足りないというのは、花粉だと思いました。他の意見は、これまでの勉強からちがうと思います。

ＡＴさん：私も、意見を変えます。たしかに、栄養が届かなかったら、そのうえの方にも届かないことになるからです。だから、ＫくんやＯくん、Ｕさんの言うように、花粉がつかなかったにします。

このような討論の結果、Ｄの「花粉がつかなかった」という考えに大きく意見変更になった。

植物の子孫の残し方　15

そこで、〈ひとの意見を聞いて〉に、討論の後の予想の変更を書かせてから、『アブラナ』を資料として紹介し、受粉と結実について解説をした。

５時間目の例

チューリップに種子はあるか？

子ども達は、生活科でチューリップを栽培している。しかし、花が咲き終わってからは、鉢植えのチューリップは、しばらくはそのままで、担任の作業で片付けをしているようだ。『チューリップ』を紹介するところからスタート。

〈課題〉の提示

私：チューリップは、生活科の学習で育ててきたね。では、この写真を見てみよう。（花を真上から撮影した写真があるので、花の中がどうなっているのか、確認する）これは、何かな？

Ｃ：めしべです。

私：何本ある？

Ｃ：１本です。

私：これは？

Ｃ：おしべです。６本あります。

私：この黒い袋のようなものは何だろう？

Ｃ：花粉が入っているところです。

私：花びらとがくはあるかな？

Ｃ：花びらはあるけど、がくはなさそう。

私：（チューリップのつぼみから開花するまでの連続写真を見せて）チューリップは、人間が品種改良をしているから、がくが花びらのようになっている。何か、気づいたことはある？

Ｃ：花の仕組みが、アブラナと同じです。中心にめしべが１本あって、めしべを取り巻くように、おしべ、花びら、がくとなっています。

私：そうだね。では、この「チューリップに、種子はあるかな？」

Ｃ：球根ですか？

私：球根は種子かな？

Ｃ：球根は土の中に、もとの球根の周りにでき

ていたのを見たことがある。

私：アブラナの種子は、どこにできたの？

Ｃ：花が咲いて、めしべが受粉して、子房が大きくなって実になって、その中に種子ができた。

私：〈課題〉はいいですか？では、〈自分の考え〉。

？：見当がつかない	１人
○：種子はある	17人（2）
△：種子はない	15人（4）

意見分布は上のようになった。

〈自分の考え〉の発表

？Ｔくん：ぼくは、見当がつきません。花の仕組みはアブラナと同じだけれども、チューリップは球根を植えて育てたから、それで迷ってしまいました。

△Ｎくん：ぼくは、種子はないと思います。花の仕組みは同じかも知れないけど、アブラナとは違う種類だから、種子はないと思います。チューリップは球根があるのだから、種子はいらないと思います。

△Ｈくん：ぼくも、Ｎくんと同じです。チューリップは球根で植えるし、その球根の周りに新しい球根もできるのだから、種子は必要ないと思います。

△Ａくん：ぼくも２人に賛成です。球根があるのだから、わざわざ種子を作らなくても、チューリップは子孫を残せるのだから、種子はいらないと思います。

私：ちがう理由をあげた人はいますか？他の人も、３人と同じでいいですか？（はい）

○Ｕさん：私は、種子はあると思います。チューリップの花は、アブラナと仕組みが同じだし、種類がちがっても、種子はできると思います。めしべとおしべがあるのだから、種子はできます。

○Ｔくん：ぼくも、Ｕさんと同じです。種類が違うからといっても仕組みが同じなら種子はできると思います。できないのなら、めしべ

とおしべはどうしてあるのかと思います。
- ○Yくん：賛成です。めしべとおしべがあるのなら、種子はできるはずです。できないとしたら、何のためにあるのかと思います。
- ○Nくん：ぼくも、アブラナと同じように、めしべが受粉して種子ができると思います。

〈質問〉〈討論〉

私：種子があるという人で、ちがう理由の人はいる？（いません）
では、〈質問〉はある？（ありません）
賛成意見、反対意見を聞きます。

- △Nくん：ぼくは、種子があるという人に反対です。たしかに、めしべ、おしべはあるけど、種類は違うし、球根も種子も作ったら、何で球根があるのかおかしいと思います。
- △Aくん：Nくんに賛成です。球根も作って、種子も作ったら、むだになると思います。栄養が２つに分かれてしまって、どっちもだめになってしまうと思います。
- ○Yくん：それなら、めしべとおしべはかざりということですか？ぼくは、種類が違っても、めしべとおしべは種子を作るというはたらきがあると思います。
- ○Tさん：私も、Yくんに賛成です。めしべとおしべがあるなら種子はできると思うし、できなかったら、めしべとおしべの意味がないと思います。
- △Aくん：ぼくは、家でチューリップを育てたとき、花が咲いた後に実はできていないでかれてしまった。それは、チューリップには球根があるからだと思います。
- ○Yくん：今のAくんの意見に反対。実ができないでかれたのは、めしべに花粉がつかないで、めしべのままでかれたのだと思います。チューリップだって、受粉すれば実ができて、種子はできると思います。
- ○Oくん：ぼくも、Yくんに賛成です。Aくんの育てていたチューリップは受粉しなかっただけだと思います。これも、アブラナと同じです。めしべとおしべは、種類が違っても受粉すれば種子ができる、これもアブラナと同じだと思います。

討論の後の意見の変更は　？→△：１人、○→△：２人、△→○：４人となった。

〈ひとの意見を聞いて〉の発表

- ？Tくん△：ぼくは、見当がつかないから種子はないに変わります。YくんやOくんは、アブラナと同じでめしべが受粉すれば種子はできるといっていましたが、チューリップはアブラナとちがうのだから、種子は必要ないと思います。球根があるのだから、わざわざ種子を作らなくても子孫は残せると思います。
- ○Mさん△：私は、種子はあるから種子はないに変わります。たしかにめしべもおしべもあるけど、球根があるから、種子はいらないと思いました。Aくんが言っていたように、花が咲き終わってから実ができなかったのもそのせいだと思います。
- △Nくん○：ぼくは、種子はないからあるに変わります。はじめは球根があるから種子はいらないと思っていたけど、Yくんが言ったよ

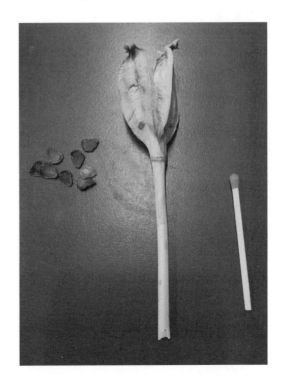

<課題>
『花植物の子孫の残し方』を
　　　　　　　学習して
<花は子孫を残すもの>

わたしがこの勉強を通して1番今までの頭の中でのイメージが変わったのは、花。今までの花のイメージは、色あざやかな花びらがあって、というかわいらしい印象だった。けれど、今回勉強した花は、今までのイメージからは思いつかないようなものだった。
子孫を残す。そのためには、種子をつくることが必要だ。そして、その種子は花でつくられていて、花の中でもめしべの中に種子ができていた。それが初めての発見だった。でも、めしべだけは中の種子の赤ちゃんはいしか育たない。おしべの先についている花粉を受粉しなければならないのだ。そこで、花には花びらがないものもある

ということに気が付いた。その時、もうわたしの頭の中での花は変わりつつあった。
花びらの役目をかくにんしてみた。花びらはただ色あざやかなだけではない。きちんとした役目があるのだ。花びらは、みつのあるものにだけついている。それはなぜか。調べてみると、花びらのもようは虫にありかを教えるためだと分かった。それを虫ばい花ということも分かった。アブラナはその1つだ。ということは、花びらがないものは風が花粉をはこんでくれるのかということにも気が付いた。マツなどがそれの1つで、風ばい花ということが分かった。
さて、一気にわたしの頭の中の花のイメージが変わった。1番は、「花びらがなくても、子孫を残すために種子をつくることができるめしべとおしべがあれば花は成り立つ」ということが分かった。

うに、それでは、めしべやおしべがなぜあるのかということになるからです。たしかに種類は違うけど、めしべおしべは、種子を作るはたらきを持っていると思います。

〈観察〉

私は、準備しておいたチューリップの実を提示します。

『チューリップ』には、受粉したチューリップめしべが大きく育っていく様子がきれいな写真として掲載されています。ぜひ紹介しておきたい資料です。

本単元設定の背景

私の「初任研」は、東京小学校理科サークルに通って学ぶことと、玉田泰太郎先生の授業を参観することでした。玉田先生は、「意図的・計画的に実践することで、ねらいに到達できる。そのためには、到達目標が明確であること、目標を支える内容がしっかりしていること、教材が適切であること、指導計画が子どもの認識の順次性に沿っていること、各時間のねらいが明確で課題が具体的であること、などが必要」であることを、理論的にも実践的にも証明してくれました。さらに、「ねらいに沿った意図的な運営をしていくためには、子ども達が何を、どのように考えているのか、頭の中をのぞけるようにすることは欠くことができない。そのためには、自由に記述できるノートとノート指導も重要になる」ことも教えてくれました。

授業が終わったところで、何を学べたのか書いてもらいました。

[参考文献]
・玉田 泰太郎 著『新たのしくわかる理科5年の授業』あゆみ出版、1992年
・江田 幸雄 他 著『授業ノート・植物の学習Ⅱ』昭和61年度教育研究費補助金　教指―第1680号、1987年3月

種子の発芽条件

東京都公立小学校教諭
宮﨑 亘

「種子の発芽条件」の授業展開

（ねらい）発芽できる条件がそろわないと種子は発芽しない。

◎授業への導入（5分）

タンポポは1株で600個以上も種子を作って散布しているが、「世界中がタンポポだらけにならないのはなぜだろう」と質問し、話し合います。

「コンクリートや水の上に落ちるから発芽しないと思う。」「土の上に落ちる確率が低いから発芽できない数も多い。」「うまく着地できない」などの意見が出ます。図のようにセットしたものを見せ、課題を出します。

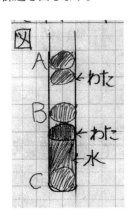

「図のようにしておくと、A、B、Cのどれが発芽するだろうか。」

◎「自分の考え」をノートに書き、発表する。（15分くらいで）

どんな考えを持っているか、意見分布をとります。

　　　　　　初めの人数　友達の意見を聞いて変更
Aが発芽する　　0人　→　（0人）
Bが発芽する　　26人　→　（29人）
Cが発芽する　　4人　→　（1人）
見当がつかない　0人　→　（0人）

○人数の少ない方から自分の考えを発表します。

「私はCが発芽すると思います。Aは水がないから発芽しなくて、Bは固いので発芽しないと思います。」

「Cが発芽すると思います。Cの豆は水にひたしているから発芽すると思います。」

「Aは下に水がまったくないので、まず発芽しない。Cは全部が水の中に入っているのでこれも発芽しない。Bは下の綿がその下の水を吸ってちょうどよくなるのでBだと思う。」

「B。理由は、発芽するためには水と空気が必要だと思うからです。Aは水が足りなくて、Cは空気が足りなくて、Bは空気と水があるからBにしました。」

○ノートを読んで考えを出し合った後、自由に発言させます。

「Cのマメは水にひたしていて、やわらかくなるから発芽すると思います。」

「Bです。理由は発芽するためには、水と空気が必要だと思うからです。Aは水が足りなくて、Cは空気が足りなくて、Bは空気と水があるからです。」

「Bが発芽すると思います。なぜなら、Aは水がなく、空気だけなので発芽しなくて、Cは水がありすぎて発芽に必要な空気がないので発芽しませんが、Bは発芽に必要な水も（わた）を通して来るし、空気もあるので、Bだけ発芽すると思います。」

「Cはタンポポの時に水の中に落ちると発芽しないとあったから、水が多すぎず、少なすぎないBだと思った。」

発芽には「水と空気」が関係しているという意

見が多いので、実験の意味の確認をします。
T「Aにあるのは？」 C「空気です。」
T「Bにあるのは？」 C「空気と水です。」
T「Cにあるのは？」 C「水です。」

○「友達の意見を聞いて」を書き、意見変更があるか確認します。（5分）
※意見分布をとると、Bが増え、Cが減りました。

「自分の意見は変わらずCです。」
「Bに変更します。水だけではだめで、空気が必要だと思ったからです。」

「友達の意見を聞いても私の考えは変わりません。Aだと水がなくて、Cだと空気がないので、水も空気もあるBが発芽すると思います。」
「Bの自分の考えにつけたし、なぜなら水を吸い込んでいるだっしめんがあって、空気もあるからです。」

○事前にセットしてあった実験セットを見せる。（全員が教卓に集まります。）（5分）
※すぐに結果が分かるように1週間前に準備をしておきます。
Bだけが発芽している様子が分かります。

◎「水の中でも空気を送れば、発芽するか？」と聞いて、話し合い、確認します。（5分）
「水の中では空気があっても、発芽はしない。」「空気があれば発芽する。」など意見は分かれます。

○前の実験セットと同じように、右のようなセットを1週間前に準備しておきます。学校に発芽セットがあったので、それを使いました。
　インゲンマメのたねをセットに入れ、エアーポンプで空気を当てているものと空気が当たらないものに分けておきました。メスシリンダーに網を入れて、その間にたねを入れ、エアーポンプで空気を送る方法がありますから、それで十分です。

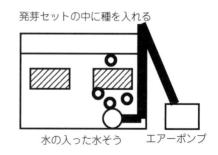

20　小学校5年

○空気の当たっているたねは発芽し、空気の当たっていないたねは発芽していませんでした。水の中でも、空気が当たっていれば、発芽することがわかります。このことから、発芽するための条件は、水と空気だと言うことが分かりました。

※教科書のように、変える条件、変えない条件といった面倒な実験をしなくても、簡単な装置で発芽に必要な条件（水、空気）が分かります。

○「観察したこと、確かになったこと」をノートにまとめ、発表する（15分）

「A、B、Cのどれが発芽するのか実験しました。Bが発芽しました。なぜかというと、Bは空気と水の両方があるからでした。Aは空気しかなく、Cは水しかなかったので、発芽しませんでした。つまり、発芽には空気と水が必要だということがわかりました。

次に、水の中に空気を入れて発芽するのか見てみました。水の中でも、空気が当たっていた種は発芽していました。でも、水の中で空気が当たっていなかった種は発芽していませんでした。この実験で、植物の発芽には空気と水がないと発芽しないことが分かりました。」

「Bが発芽した。理由はどうやら空気と水があるからだった。その後、（空気と水の両方があれば発芽するのでは発芽するのでは？）ということで先生が前もって準備した水そうの中に種が入っている所にエアポンプで空気をあてた。そしたら発芽していた。空気をあてていなかった方は、くさりかけていた。種は、水と空気があれば、発芽するということが分かった。」

「ABCのどれが発芽するか観察しました。結果はBが発芽しました。Aは空気しかなく、Bは空気も水もあり、Cは水しかないので、Bの空気も水もある種が発芽することがわかりました。

また、「水につかっているCの種を発芽させるにはどうすればいいだろうか。」という課題では、種を水そうの水にひたし、エアポンプで下から空気を当て続けて約1週間たつと、芽が出ていました。水につかっていても、空気を当てれば、芽が出ることが分かりました。このことから、発芽の条件は2つあり、1つ目は空気があること、2つ目は水があることだと分かりました。」

※書けない子がいても10分くらいで一度、書き終わった子やこちらが机間巡視して「読ませたい」と思った子に発表させます。十分書けていたか、書き足りないことはないかを全体で確認したり、よく書けていた内容を評価し合います。そうすると、何を書けばいいか悩んでいる子や十分書ききれなかった子ども達の参考になり、だんだん書けるようになっていきます。

種子の発芽条件　21

○ノート例です。

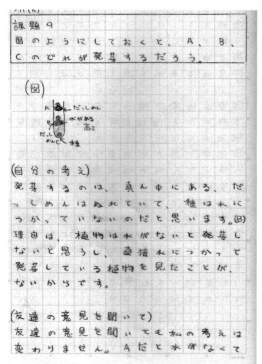

　ノートは毎時間提出させます。コメントは入れません。評価を入れて返します。課題に対して、実験したことや確かになったことが書かれていれば「A」です。記述内容の豊かさに合わせて、または、担任の感動度によって、A῾だったりA῾῾だったりA῾῾῾になります。子ども達は、A῾῾῾を目指しています。これが励ましになったり、目標になったりしています。

（参考文献）
「本質がわかる・やりたくなる　理科の授業　5年」
小佐野 正樹 著　子どもの未来社
「教科書よりわかる理科　5年」江川 多喜雄 監修
高橋 真由美 編著　合同出版

種子の発芽条件を試験管でシンプルに　コラム

　生物は、無生物と違い、①栄養を取り、②呼吸をして、③成長し、④子孫を残します。そのとき、①では、捕食をする動物と違って、植物では、光合成などをして自ら栄養を作っています。また、④では、卵・赤ちゃんなどを産む動物と違って、植物は、種（または胞子）で仲間を増やします。生物学習では、このような特徴に視点を定めて、生物の共通性と多様性を探り、生物界全体を、基礎的ではあっても法則的に学び取ってもらうことが大切だと思います。
　そこで、教科書にあるような変える条件・同時にする条件などという操作的な活動に重きを置くのではなく、本質的ではあってもシンプルな試験管での実験を取り上げているのも、そうした趣旨だからです。
　　　　　　　　　　　　　　　　　　　　（玉井 裕和）

さかなのくらしと生命のつながり

科教協奈良支部
井上 龍一

1.「さかなのくらしと生命のつながり」

教科書では単元名「メダカのたんじょう」となっているが、メダカという魚からはじめて、魚類のくらしとつながる動物の繁殖のきまりに目を向けさせたいという意味で、「さかなのくらしと生命のつながり」とする。

メダカを含めて魚はセキツイ動物の基盤になる動物群である。卵生から胎生までそろい、その戦略の多様さの中から、動物の繁殖の一般性をかいまみることができる。

魚は、生物としてそれぞれ固有のくらしの場を持っている。その中で子孫をどう残してきたかは、卵の性質、産み方などから見える戦略が卵の大きさと数に現れている。そのことを取り上げることは、小学校の生物学習で大事にしたい「生き物の体とくらし」の学習に通ずるものがあると考える。

2.目標

目標は次の3つとする。

○ 魚は、水中生活者であり、ひれを使って泳ぎ、水を吸って呼吸（エラ呼吸）する動物であり、その体型はすんでいる深さと関わっていることに気づかせる。

○ 魚の子孫の残し方は、主に卵で、それは主に胚（育つ部分）とそれが育つまでの栄養（卵黄）と卵を守る卵膜でできていて、仔魚になるまで卵の中で育つことを理解させる。

○ 魚の卵の数は、そのくらしによってどう子孫を残すかでちがい、産みっぱなしで浮くもの（多産放任）から親が子育てをする（少産保護）にしたがって少なくなっていくが最終的には数尾が育つことを理解させる。

3. 授業の展開と指導計画 （全19時間）

「魚の体とくらしその1（メダカを中心に）」の学習

メダカの特徴をまとめると、次のようになる。

・ メダカがいつも動かしているところは、3つある（口・えらぶた・むなびれ）。水を効率よく吸うためだが、それが水中生活をする上で大切なエラ呼吸に関わっている。

・ 水面近くでくらす（食べることをする場所）ために、口と目が上を向き（目が高い位置にあるので、「メダカ」という）、背中が平らという都合の良い体のつくりをもっている。

・ 池や小川にくらすメダカは、雄がしりびれで雌と抱接し、確実に卵子に精子をかけて受精させている。

・ 卵が大きく卵膜が透明なので、受精卵が付着毛で水草に産み付けられ、体のしくみができていく様子（発生）の観察がしやすい。

・ メダカの食べ物になっている水面近くに集まる水中の小さな生物（プランクトンのくらしをするもの）を学べる。

子どもたちにどんな魚を知っているかを問うと、奈良県は海なし県なのに、マグロ、タイ、ヒラメ、サバ、アジと続いた。食材として寿司などで出会う海水魚ばかりで吉野川で有名なアユすら出てこなかった。もちろん、モツゴやオイカワなどは出る由もなかった。子どもと近くで見られる淡水魚との接点は少なすぎるのである。これではと思い、子どもたちに、魚に興味を持たせるために、自分たちのすむ地域の魚について集めようと働きかける。そして、子どもたちの手で捕獲したものを中心に教員も捕獲に

参戦し、第一理科室で飼育することにした。結局60cmの水槽が6つも並ぶ羽目になった。

なんとギンブナ、キンブナ、カマツカ、ドジョウ、シマドジョウ、モツゴ、タモロコ、カワムツ、タイリクバラタナゴ、メダカ、カダヤシ（特定外来種）、オイカワ、ドンコ、カワヨシノボリ、ブラックバス（特定外来種）の15種を得ることができた。

奈良県の河川課が調べた奈良県の魚の分布調査の結果によると、そのとき、採集された魚類で、最も多く採集されたのは順に、ギンブナ、オイカワ、カワムツだったそうだ。また、広く分布する種としては、オイカワ、ギンブナ、コイ、タモロコ、カマツカ、ドジョウ、モツゴだったそうだ。

モツゴの子ども

すなわち、付属小学校の第一理科室には、奈良県が調べて見つかった魚の40％もの魚が展示されたことになる。野生の魚の美しさを楽し

く鑑賞する子どもたちに、それぞれの魚の体のつくり（口、ヒレ、体型）を詳しく見させ、魚にはそれぞれ決まったくらしがあり、そのくらしにあった体つき（ヒレ、体型）をしていることに気づかせることからはたらきかける。

魚は、水中生活者としてはネクトン（遊泳生物）であり、泳ぐのが得意なものが多い。それを可能にしているのがひれという体のつくりである。

ひれの位置によって、ニシン型とスズキ型に大きく大別することができる。胸びれに対して、背びれや腹びれが後ろにあるタイプがニシン型であり、急な方向転換ができにくい魚のタイプ。それに対して、胸びれと背びれと腹びれが、ほぼ一列に上下にあるタイプがスズキ型であり、背びれにはかたい棘があるものもあり、すばやく背びれを立てて、方向転換もしやすいこまわりの効く魚のタイプもある。俊敏性は、進化の方向を示しており、新しいタイプと考えられている。

◎「魚の体とくらしその1（メダカを中心に）」（全8時間）の指導計画

第一次　魚類とはどんな生き物か？（1時間）

(1) 魚ってどんな生き物か？（1時間）
① 知っている魚を10種類書こう。出てきた魚を、海水魚、淡水魚、観賞魚に分ける。
② 魚に共通する体のつくりは何？
・背骨を持つ（透き通って見える？）
・うろこがある
・ぬるぬるしている
・ひれがある、えらぶたがある（開いたとき赤いえらも見える）
③ BBCビジュアル博物館「魚類」を見せる。
・魚は、ふえる象徴と人はとらえた、魚の体のつくり、魚のいろんなくらし。

第二次　メダカの体とくらし（7時間）

(1) 池のメダカを調べる〈メダカの博物・水中生活〉（1時間）
① メダカってどんな魚か？
・まずメダカの写真を見せて何か知っているかを問う。
メダカ　絶滅危惧Ⅱ類　学校の教材池にい

るのは奈良市産のミナミメダカのみ。

・ミナミメダカのおおよその図を黒板にかいて、体のつくりの名前を問い、水の中を動くために何がいくつあるかを確かめる。

・ひれは5種類ある。ひれの名前は、背びれ、尾びれ、尻びれ、腹びれ、胸びれで、対になっているのが、胸びれと腹びれ。

② ミナミメダカがいつも動かしているところはどこか?

・100cm³のビーカーに水を入れたミナミメダカを1分ほど自由に見させる。回収する。

・「よく見たのなら気づいたと思うが、いつも動かしていたのはどこ?」と問う。口・えらぶた・胸びれと3つはなかなか出てこない。口とえらぶたが出てきたらよし。

・薄めた墨をスポイトで落として水を吸っているところを見せる。エラ呼吸の話。「魚は水を吸って息をしているからいつも口をパクパクしている。合わせてえらぶたと胸びれを動かしている。それはえらに水を送っているから。」

＊カエルの幼生(えら呼吸)と親(肺呼吸・皮膚呼吸)での呼吸の仕方のちがい。

(2) ミナミメダカのくらしと体のつくり〈メダカの博物・くらしと体〉(2時間)

① 水面近くにいるのに都合の良い体のつくり

・ミナミメダカは5月ごろどのあたりにいるか。教材池に見に行ってから池の断面図のどこにいたか磁石で貼って確認する。言葉としては「水面の下(水面下)」がミナミメダカのくらしの場所だと確認したい。

・水面下にいるのに都合のいい体のつくりを3つ以上探してそれがわかるように体のスケッチをさせる。メダカの幅より少し分厚いメダカ観察水槽を使う。ここで、背中が平ら、目の位置が高い(目高のゆえん)、口が上向きを押さえる。この体だと何をしやすいか?→水面下の

えものが食べやすい。

② 魚は、水面下・水中・水底それぞれくらす場ですみ分け、ちがう体型をしている話。

・水槽で飼っている魚はどこでくらすのに向いていそうかを聞く。

ドジョウ(口下向き、腹は平→水底)、バラタナゴ(口横向き、背も腹も盛り上がる→中層)

水面下、中層、水底での大まかな体形のちがいをまとめる。体形でくらしの場所が予想できることを学ばせる。

・魚屋で売っている魚でどこにすみ分ける。体型から予想する。本物または写真を見せ、「この魚は、どのあたりにくらす魚だと思う?」と問う。

＞ボラ、タイ、マダラなど(地域の魚で)

(3) ミナミメダカの食べ物〈魚の個体維持〉(2時間)

① 野生のミナミメダカは水面下で何を食べているか?

・ミナミメダカが生きるためにいつもしていることは何だったか?→エラ呼吸 次は、心臓を動かす(見えないよね)、糞を出す…動物ならしているのは、「食べる」だ。

・水面下にいるわけ、水面下にいる食べ物(上から落ちてくる、小動物動物性プランクトンなど)食べている。

② ミナミメダカが主に食べている動物性プランクトンの観察

・水中の生き物の生活型(プランクトン・ネクトン・ベントス)の話。

・過去の教科書の写真からよく見られる植物性プランクトンと動物性プランクトンを知る。

・ミジンコの採集(プランクトンネット)と観察・スケッチ(顕微鏡)

(4) メダカの卵の発生(2時間)

① メダカのオスとメスのちがい

・見て分かるちがいを知る:ひれのちがい:

さかなのくらしと生命のつながり　25

背びれの切れ込み（雄）、腹びれの色（雄は黒くなる）、尻びれの大きさ（雄は大きい）。卵をつけている（雌））
・雄の尻びれはなぜ大きいのか？
メスの卵に確実に精子をかけるためにしりびれで抱きつく（写真を見せて確認）
・よく卵を産む時期は？5月中旬〜水温25℃
一番よく見られる活発な時期と同じ。
② メダカの卵を見る
・教科書のメダカの発生の写真を見ながら見ているのはどのステージかを確認させる。
・水温と孵化までの日数のデータを示す。
・卵のつくり（胚、油滴（卵黄）、卵膜）
・沈む卵、付着毛の役目
・卵のスケッチ（付着毛、油滴、目、心臓、血管などを見つけたら報告させて、全員に広げる）

「魚の体とくらしその2（卵の数）」の学習

「生命のつながり」、生物として最も本質的な生命の営みとして子孫をどう残していくかは重要である。そのきまりを知ることはこの学習のメインとも言える。魚は、主に卵で子孫を残す。その残し方はくらしの場でほぼ決まってくる。そして魚の場合、卵の数にそれがよく表れている。「卵の数」を学ぶ材料としては、手に入れやすい、食材として利用されている魚の卵を中心に扱う。

実際に、卵巣の卵全体の数を調べるときに、子ども達が卵の数を数え、数のイメージが持てるようにする。その魚の卵の性質、くらしや産卵の仕方はできるだけ具体的にお話をすることにする。卵の数と魚のくらし（くらしの場と産卵の場、卵の性質、産み方）の間の法則性を見出させたい。

魚の卵の性質と卵数については、次のような卵を扱う。

A. 産みっぱなし＝浮かぶ卵の代表としてタラの卵（50万個 卵径1.3mm、たらこ）は、数の多さで子孫を残している。

B. 隠れた場所に産卵する＝沈む卵の代表としてシシャモの卵（9000個 卵径1.1〜1.5mm）を扱う。水底に小石をかぶせて隠すことで子孫を残している。

これに関わって、Aではマンボウ（2億8千万個 1.8mm）＝浮く卵・産みっぱなし、Bではイトヨ（100個）＝ひっつく卵、巣を作って子育てをするという具体的なくらしから、卵の数を予想させた。

イトヨ（トゲウオ科）

最後に、これらのことを学習した上で、マグロの卵について取り上げてみた。

マグロは、5年生が行く和歌山旅行（社会見学旅行）で、和歌山県東牟婁郡那智勝浦町の勝浦漁港で近海生マグロの水揚げを見る。ビンナガ、メバチ、キハダ、クロなどが揚がる。マグロは日本人のよく食べる魚であり、市場の入札もにぎやかに行われている。子ども達にも親しみがあり、5年でも日本の水産業として学ぶ、よく知っている海水魚であるが、卵（卵巣）を見た子どもはだれもいない。

北太平洋で1個体群と言われ、北太平洋を回遊する。泳ぐ速度は速く、えらぶたを開閉する筋肉が退化しているため、止まると呼吸できなくなって死ぬと言われている。

肉質が赤身であることは、瞬発力と持久性を兼ね備えたものを意味し、このようなくらしを支えている。

産卵する場所は日本近海の大洋だ。産卵する

場は、沿岸より食べ物に恵まれていない。そんなところに産む卵は、A浮かぶ卵である。近畿大学では、養殖用の親魚のいけすで産卵し始めると、いけすの上の方にビニールシートをはって流れでないようにし網ですくっている。その写真から浮かぶ卵であることをよりリアルに想像させられる。

　しかもおどろくべきことに、その卵の大きさは卵径1mmしかなく、メダカの卵（1.5mm）より小さい。魚は他のセキツイ動物とちがって、体の大きさと卵の大きさに比例関係はない。そんな小さな卵を100万個以上も産む。

　大洋の食べ物の少ないところで産むから、仔魚・稚魚は食べ物の確保に困る。しかも仔魚の時代から魚食性だ。実は、卵が100万個以上もあるのは、仔魚・稚魚の食べ物用として用意されているものも含むと考えられている。それで、うく卵をもつ魚の中では群を抜いて多い。

　授業では、実際に和歌山旅行で訪れたときに勝浦漁協で分けていただいた貴重なキハダマグロの卵巣（冷凍保存）を使うことにした。

　子どもたちには、課題として「メダカより小さなマグロの卵は、どれぐらい多いのか、太平洋沿岸ではなく、大洋でくらし、そこで卵を産むマグロのくらしと、浮くという卵の性質で産みっぱなしから、タラ型か、ニシン型か、シシャモ型か」を予想させる。

　予想しにくいかも知れないが、子どものとらえ方（根拠）を少しでも出させたい。そして、卵巣の一部の卵の数を数えることによって、自分の目、手で確かめてその多さを実感させる。

　予想したことを確かめるための手続きは次の通りである。まず、マグロの卵巣の全体の重さを量る。そして、1gの卵巣を取り出し、それぞれを9つの班に手分けして、だいたい各班0.1g強の重さでどれぐらい卵があるかを、竹串を使って数えさせる。結果は、理科室のパソコンのエクセルの表に打ち込ませ、それから卵巣の中の卵数を推定する。

　｜数えた卵の数の総和（1gの卵の数）｜ × ｜卵

巣の重さ（g）｜ ＝ ｜卵巣全体の卵の数（数）｜

　このやり方については、タラコ（浮ぶ卵）、数の子（海藻に産み付ける卵）、シシャモ（沈む卵）などで行って、調べる方法として確立させている。

　魚は、自然界の中で生き残るために、卵の産み方と数にかけている。数えてきた卵は食用としてたくさん利用されているが、本来、10万個産む魚は、ほぼ9万9998個を自然界に提供して子孫を残すことを実現している。

◎「魚の体とくらしその2（卵の数）」の指導計画（4時間）

第二次　魚のくらしと卵の数（4時間）

① 親がめんどうをみない浮かぶ卵（タラ・マンボウ）

② 親がめんどうををみない隠す（沈む）卵（シシャモ）

③ 親がめんどうをみない隠す（ひっつく）卵（メダカ・ニシン））

④ 親がめんどうをみる卵（イトヨ・ヨシノボリ）

⑤ マグロの卵

◎「魚の体とくらしその3（つながり）」の指導計画（1時間）

① メダカの食べもののつながり

・メダカの食べ物→動物性プランクトンのミジンコなど。

・メダカは何に食べられるか？→カワムツ、アメリカザリガニ、トンボのヤゴ、ウシガエル・・・・

・食べる－食べられるのつながり（食物連鎖）

（生産者）植物性プランクトン→

（消費者）動物性プランクトン→ メダカ

→カワムツ→ブラックバス→ミサゴ

・一番多いのは？→生産者

・生き物の数のバランスで考える。

　カワムツがぐんと増えたらどうなるか？

　どの生き物を見れば、簡単につながりの安定を見ることができるか？

さかなのくらしと生命のつながり　27

4. マグロの卵の授業

1）本時指導案
「魚の体とくらしその2（卵の数）」第4時）

2）ねらい
マグロは子どもの食べ物があまりない大洋でくらし卵を産育つため、多くの浮かぶ卵をまきちらかすように産み、産みっぱなしにすることで、自らの卵や仔魚を食べ物にしながら子孫を残していることを理解させる。

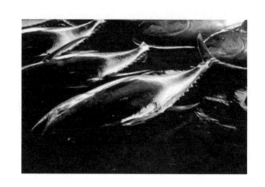

3）展開

学 習 活 動	指 導 上 の 留 意 点	準備物
1．メダカの体と卵とマグロの体と卵をくらべる。 ・メダカの卵とマグロの卵を見くらべる。	○ 小さな体のメダカより、大きな体のマグロの方が、卵が小さいことに気づかせる。	・メダカの卵とマグロの卵の液漬標本
2．マグロはどんな魚かを調べる。	○ マグロは大洋を回遊しながら素早く泳いでエサとなる魚などを食べていることに気づかせる。	・マグロの魚体
・マグロについて知っていることを発表する。	・赤身はマグロ・カツオ類の特徴。大洋を回遊するために強い瞬発力と長い持続力の両方を持ち得た筋肉である。	
・マグロのヒレ、エラからわかるくらしを考える。	・ヒレは俊敏に動くことができるようになっている（スズキ目サバ科）。 ・エラは動かす筋肉がなく、水流によって開く（泳ぎが命）。	・ヒレの扇
・マグロの簡単な生態についての説明を聞く。	○ 近畿大学の資料をもとにこの辺りのマグロの回遊、産卵場について知らせる。	・プレゼンテーションデータ
3．マグロの卵の数を調べる。	○ マグロの卵はメダカより小さくて、大洋に産みっぱなしで、海水に浮くことからその数はとても多い（100万個）ことを理解させる。	マグロの卵巣
・マグロの卵を見る。	・マグロの卵を見せる。メダカより小さく、海水に入れると浮くことを確かめさせる。	ビーカー、人工海水 プレゼンテーションデータ
・マグロの卵巣の卵は、タラ型、サケ型、ニシン型のどれかを予想する。	・♀一腹の卵数はどのタイプかを予想する。 　ア．タラ型 　イ．サケ型 　ウ．ニシン型	
・自分の考えを書く。	ア．卵が小さくて、浮くから。タラと同じで卵数は多い。 イ．エサの少ないところで産むから。大きい卵でないと育たない。 ウ．浮いた海藻にくっつきそうだから。	
・マグロの卵巣の重さをはかり、1gの数をみんなで数える。	・マグロの卵巣の重さを電子ばかりではかり、1gを取り出す。それを各班に分け、数えさせる。	電子ばかり、シャーレ、竹串、海水

・コンピュータに入力し、マグロの数を推定する。	・数えた数はエクセルの表に入力させ、その合計を1gの卵数とし、全体の数が出るようにしておく。	コンピュータ
・マグロ卵数が多いもう一つの理由を考える。	・大洋でエサが少ない環境で育つために、自分の卵や仔魚を食べて栄養にするために多く産んでいることにも気づかせる。	
4．わかったことをまとめる。	○ マグロはその卵は小さく浮いて漂い、仲間に食べられながら育っていくことをおさえて、自分の言葉としてまとめる。	

5．この教材を何のために教えるか

　生物の本質は、「生命と生活」があること。生命の営みは2つあると言えば、「子孫を残す」ことと「栄養を摂る」こと。敢えて1つと言えば「子孫を残す」ことになるだろう。最も生物らしさを追求できるところが5年の理科の「生命のつながり」にある。

　動物では、体を分裂させることから始まり、高等動物では、メスの遺伝子を受け継いだ卵を母体でつくり、それをそのまま生み出してオスの遺伝子をもった精子とメスの卵が受精し（魚類・両生類：体外で、爬虫類・鳥類：体内で）できた受精卵が育つ卵生と、母体の環境が安定し俊敏に動くことができるもの（哺乳類などの恒温性の動物）において一般的になる、受精卵が子宮という部屋である程度大きくなるまで育てて生み出す胎生がある。

　魚は、ほとんどが卵生だが、中には例外的にそのくらしから胎生をとるものもいる。それはその魚のくらしにかかわっているとも言えるが、その繁殖様式は、動物全般に広がるものがすべて揃う。ということは、セキツイ動物の繁殖について魚で学べることをさしている。

　魚は、人々のくらしと深くつながっており、肉、稚魚、卵などを食料として利用してきたものも多く、その魚体や卵の数の多さから繁殖力の強い動物、「ふえる」の象徴とされてきた。

　子どもたちにとっても、くらしの中で関わることの多い卵はと聞けば、魚卵となるだろう。魚卵は、魚のくらしによって、その性質や産み方がちがい、それが大きさや数にも現れている。

すなわち、魚の卵の数を通して、卵生～胎生の子孫の残し方をそのくらしとの関連から学ばせることは、動物の繁殖について科学的にとらえる第一歩となると考えられる。

　今回、学習指導要領で取り上げられている、生命の連続性は、生物が子孫を残すことを学ばせることを意味しており、極めて生物にとって本質的なことを取り上げているということである。それだけに、それで魚を取り上げるのなら、子孫を残すためのつくりの育ち方に近い卵の発生だけに終わらせるのでなく、個々の魚のくらしを守るための生き残りのくふう（卵の性質・産み方）に目を向けさせ、それが卵の数につながっていることを学ばせることこそ意味がある。

　魚を通して子孫を残すことがどのように行われているかを学ぶ中で、生物を「種の保存」という視点で見ることができるようになる点も大事にしたいと思う。

6．児童のノートより

「11／29（土）研究会」　　　ＮＧＴ君

　今日、研究会がありました。ぼくはすごくきんちょうしました。見てもらうのは理科です。マグロの卵をかぞえます。

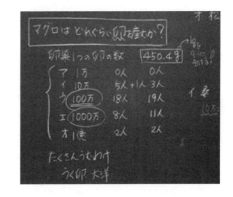

一つの卵巣も大きく、卵の大きさもすごく小さいです。ぼくが予そうしたかずは1000万コです。だって、30cmぐらいある卵巣の中に1mmの卵が何コも入っているから一千万コぐらいあると思います。ぼくのかんがえは、一つの卵巣も大きいし、1つぶは小さくて、うみっぱなしだから、一千万コというりゆうにしました。

しかも、研究会の時テレビきょくがくるからよけいきんちょうしました。でも、ほとんどこっちのはんは、カメラが回ってなかったから残念です。答えは約5百万よりちょっと多かったです。
「よっしゃー」
よそうがあたっていたからすごくうれしかったです。でも、一番おどろいたのが、卵をこんなにうむりゆうは、なんと、エサがなかなかないから、そのちぎょを、えさにして食べるらしいです。しかも、残るのがたった2匹だけでいいのがまたすごいです。研究会もきんちょうしたけど、マグロがともぐいするのもすごいビックリしました。

共食いをするというために多いというのもすごいですね。魚食性が高いのに大洋の生き物の少ないところに卵を産むのですから、食べ物にあたりにくいですね。自らを栄養にしていくように親が子どものために用意しているのです。もとは♂♀の2匹だから、最終的に2匹に受け継がれたらいいのですよね。

7. 終わりに

後で分かったことであるが、子どもたちは、魚の卵の数を考える時にヒトであることをもとにしていた。ヒトは哺乳類の1つとして、卵を母の子宮の中で育てて赤ちゃんとして出産して、大人になるまで大事に育てられる。胎生であり、一人一人の基本的人権を守る立場である。胎生でほぼすべての子どもを育てる動物は他にいないと言える特殊な目で見ることになる。そういう点では自然界はシビアに見えるようだ。でもそれが生き物同士の生命の支えになっていることにたどり着かせたいところである。

また、生物学習でいつも悩むのは、子ども達の考えの中にいろんな要素が入ってしまうことである。予想させるような課題を持ち込みにくい難しさがある。

卵の数で、世話をしない、産みっぱなし、うく卵は、卵の数が多いという法則性は、ほとんどの子ども達が理解していたと思う。それに付加して魚食性があると増えるというのは、さすがに子ども達の予想を超えていたが、新しい観点として子ども達をビックリさせた。こういうことも思考の深めにはいるんだろうと思う。

今後の課題として時間の問題がある。卵を実際に数えて繁殖のきまりを見つけていく学習は、子ども達にとって意味のある学習になる。しかし、年間105時間の中で、「繁殖」の学習にこれだけの時間を使うことは難しい。そこで少なくとも多産系と少産系の2極を扱いたい。やってみて、実際に卵を数えるのは、タラコ（多産放任）とシシャモ（少産保護）が良いのではないかと考える。でも、マグロの卵巣が得られるのなら是非やりたい。子どもの興味の持ちようはこれまでのどんな魚よりとにかくすごかった。

ヒトのたんじょう

岡山県苫田郡鏡野町立南小学校
有元 恭志

　かつて「ヒトの誕生」が5年理科に入ったとき、さまざまな試みがなされました。当時新採だった私は、科教協津山サークルで岡田幸夫先生に出会い、そのすばらしい実践に触れることができました。「ヒトの進化と人間教育」を謳った岡田先生の実践は膨大なものでした。今でこそ当たり前ですが、進化の視点から性を教材化しており、子ども達にも分かりやすいものでした。

　その後、その一部を少しアレンジをして実践してきました。詳しくは、理科教室2013年1月号に掲載されています。そこでは、生物の陸上進出にかかわって、受精のさせ方がどのように工夫されたかといった内容も含まれていますので、ぜひご覧になってください。

　今回はその中でも、ヒトの誕生にかかわる部分のみを取り上げました。

○指導計画

1次　生命のリレー
　1時　生命のリレー
　2時　地球の生命の歴史
2次　ヒトのたんじょう
　1・2時　ヒトがたんじょうするまで
　3時　たいばんとへそのお
　4時　長い生命の歴史をいっきに

　教科書では2次のみで扱っています。しかし、胎児の発達は、一度もリレーが途切れることなく続いてきた地球の生命の歴史をたどっています。第1次を行うことによって、子ども達にそのダイナミックさを感じさせることができます。余力を作って、ぜひ行っていただければと思います。

【第1次】生命のリレー（2時間）
（1時）　生命のリレー
○用意するもの
・生物の親子の画像（カブトムシ・カタツムリ・タコ・アマゴ（地域の代表的な魚なので入れている。魚であれば何でもよい。）・カエル・

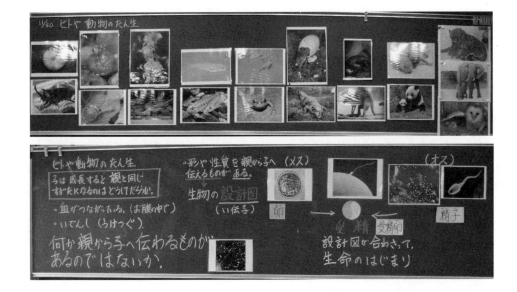

ワニ・カンガルー・パンダ：昆虫から哺乳類までを網羅できるようにする。）
・卵、精子の画像

〇めあて：親と子は、どうして似てくるのだろうか。

まず、動物の親子当てクイズをする。カブトムシの子（幼虫）を見せ、「何の子どもでしょう。」と問う。「答えはカブトムシです。」と言って親の姿を見せる。カブトムシ、カタツムリ、タコ、アマゴ、カエル、ワニ、カンガルー、パンダの順に行う。ワニやパンダやカンガルーは親子の姿がよく似ている。しかし、カブトムシやカエルは全く違う姿になる。そこで、「親と子は、どうして似てくるのだろうか。」と問い、理由を考えさせる。

（子ども達から出た意見）
・いでんしが同じだから似る。
・血液の中にある「きん」が伝える。
・血がつながっているから。（DNA）
・お父さんとお母さんの血がまざっているから。

生物には「設計図」があり、その通りに形や性質が作られることを話す。

設計図と言ってもわからない児童がいるので、校舎や理科の組み立てキットの設計図を見せるとよい。実際に教室がその通りに作られていることがわかる。

その、設計図はメス・オスが半分ずつ持っている。受精の時、それが合わさって1つになり、生命がスタートする。この設計図の受け渡しを「生命のリレー」と言うこととする。実際にリレー管を見せ、設計図をリレーしていることをイメージさせた。

〇まとめ：**生物には設計図がある。受精の時に、子は親からそれをもらっているので、似てくる。**

（2時）地球の生命の歴史

〇用意するもの
・地球の生命の歴史の絵は以下のものを用意した。裏に立てる場所のメートル数を書いておくき、ピンと通して立てるための厚紙の輪を付けておく。

①地球誕生（46m）・②生命誕生（38m）、③海中での繁栄（6m）・④海中での生物大爆発（5m）・⑤陸上進出（4m）・⑥恐竜時代の始まり（2m）・⑦恐竜全盛期と哺乳類（1m）・恐竜絶滅（65cm）・⑧ヒトの進化（6cm）・⑨ナウマンゾウの狩り（0.15mm）・⑩文明の始まり（0.05mm））
・黒い画用紙に針先で穴をあけたもの
・運動場に打てるピン（または丈夫な菜箸）とゴムハンマー
・巻き尺（50m）

〇めあて：わたしたちは、どのくらいの時間、生命のリレーを続けてきたのだろうか。

生命のリレーはいつ始まったのだろうか。自分には両親がいる。親にはおばあさん・おじいさんがいる。その前にはひいおばあさん・ひいおじいさんがいる。もっとたどっていくと、どのくらい昔まで続くのだろうか。「千年前くらい。」「100万年はある。」・・・、5年生ではまだ歴史や生物進化を習っていない。子ども達は適当な年数をいう。

「じゃあ、先祖の様子をさかのぼってみよう。」と、イラストを出しながらさかのぼっていく。ピラミッド、ナウマンゾウの狩り、ヒトの進化と。さらに恐竜絶滅、恐竜の繁栄下の哺乳類と進める。「この頃、ヒトの祖先はいるの？」「さあ。」「いるはず。」「いないと今に続かない。」「この絵の中にいます。」「えーっ。」「このネズミみたいなものがそうです。」「えーっ！」と、どの時期にも必ず私たちの祖先はいたことを確認しながらさかのぼる。恐竜の発生期、両生類の陸上進出、海での繁栄。

そして、最初の生命誕生まで。「これが最初に地球上に誕生した生命です。大きさはこのくらいでした。」と一枚の黒い画用紙の切れ端を配る。「どこ？」と探し始める。かざしてみた子が「いた！」。針の先で刺した穴である（実際はもっと小さいはず）。38億年前、このくらいの大きさのものから生命のリレーはスタートした。さらに、どの時代にも私たちの先祖はお

32　小学校5年

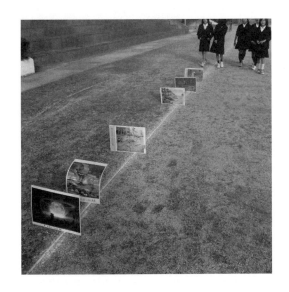

り、リレーは1度たりとも途切れてはいない。

　続いて50m走のコースに1m1億年で生命の歴史38億年を設定した。そこにピンを打ち生物の様子の絵を付けていき、実際に歩いてみた。海中で過ごしていた時代の長さにも驚かされる。

○まとめ：私たちは38億年の間、一度も途切れさせることなく、生命のリレーを続けてきた。

（わかったこと：子ども達のノートより）
・人間や動物が住んでいる地球は何億年も前に誕生していたんだ。
・海ってそんなに早く誕生したんだ。
・人がうまれたのはずーっと昔かと思っていたけど、すごく近かった。恐竜が一番最初に生まれたと思っていたけど、陸地の生物より水中の生物の方が先に生まれたのがわかった。
・地球の歴史は長いのに、人間はまだ6000年くらいということにびっくりした。
・なぜすごく小さかったのが、すごく大きくなるのか。

【第2次】ヒトの受精から誕生まで（3時間）
（1・2時）ヒトがたんじょうするまで

○用意するもの
・レナート・ニルソン『生まれる－胎児成長の記録』より必要な写真を選び、拡大印刷しておく。
・受精卵の写真
・黒い画用紙に針先で穴をあけたもの
・NHKのDVD『驚異の小宇宙　人体 Vol.1「生命誕生」』
・インターネットにつながるパソコンと映し出せるもの
・子宮と卵巣の図
・生まれたての赤ちゃん人形

○めあて：ヒトは母親の体内で、どのように育っていくのだろうか。

　まず、舞台となる子宮・卵巣について、図で説明する。

　ヒトの受精の瞬間を見せるために、DVD『驚異の小宇宙　人体 Vol.1「生命誕生」』を使う。チャプターの「4．精子の旅～受精」を12分

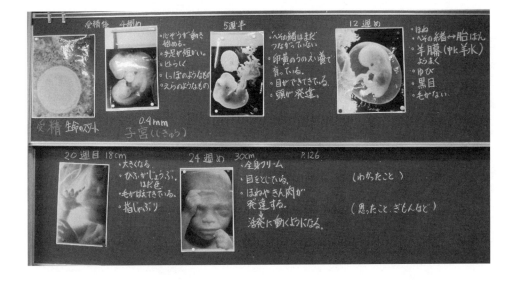

44秒から18分10秒までの部分を見せる。生命のリレーである、卵が持つDNAと精子が持つDNAが合わさる、生命のリレーの瞬間を見ることができる。

受精卵の大きさは直径0.14mm。黒い紙に針先で開けた穴くらい。この時に、「地球最初の生命と同じだ。」と言う子もいた。その受精卵はこの後どのように育っていくのだろうか。

まずは、教科書を使って、4週め、8週め、24週め、32週め、生まれた時、それぞれの様子（大きさと特徴的な事柄）を調べさせる。

「では、実際のおなかの中の赤ちゃんの様子を見て、確かめてみましょう。」と言って、まず、4週目の写真を貼る。「本物？」「どうやって撮ったの？」と声が上がる。

①4週目（約0.4cm）心臓が動き始める。

写真を見て、気づいたことを発表さる。

「ヒトじゃない。まるで地球外生命だ。」「どこを見てそう思ったの？」「顔や体の形がヒトじゃない。」と、どんどん出させる。

・心臓が赤い。ハートの形をしている。

・手や足が小さく、指がない。

・しっぽがある。　・背骨ができている。

・目が黒くない。

・栄養の入った袋みたいなものが見える。

・のどに筋（切れ込み）がある。

のどの切れ込みはまるでエラのようである。尾もある。手はヒレのようにも見える。魚や両生類のようである。

DVD「生命誕生」より、「8．心臓・血液・手・脳の形成」の27分56秒から29分38秒までを見せる。初めて心臓が鼓動する瞬間が見られ、子ども達から「あっ。」「おおっ。」と声が上がった。

②8週め（約3cm）手や足の形がはっきりわかるようになる。目や耳ができてくる。

写真を見せ、気づいたことを発表させる。

・指が見える。　・へその緒がある。

・膜みたいなもの（羊膜）に包まれている。

・男の子だ。（オチンチンがある。）

・頭が大きい。

ヒトは早くから脳が発達することなどを話す。

DVD「生命誕生」より、「8．心臓・血液・手・脳の形成」の29分38秒（さっきの続き）から30分40秒までを見せる。指の間の水かきのような部分が無くなっていき、指の形がはっきりしていく様子が見られる。

③24週め（身長30〜35cm）骨や筋肉が発達して、活発に動くようになる。

・指しゃぶりをしている。

・人の顔になっている。

YouTube等で超音波エコーの動画を見せるとよく分かる。

④32週め（身長40〜45cm）体に丸みが出てくる。髪の毛やつめが生えている。

・サルみたい。

・鼻の中に何か詰まっている。

・指でひっかいたのか、スジができている。

羊水中にいるので、体がふやけないように全身が脂肪のクリームで覆われている。それを指で剥がした跡が見えている。

⑤たんじょう（身長約50cm，体重約3000g）

38週間で誕生する。保健室から実物大の人形を借りてきてみんなに抱かせた。0.14mmからここまで大きくなったことを実感できる。

○まとめ：ヒトは、母親の体内で、38週間かけて、小さな受精卵から、しだいにヒトの姿に育ってたんじょうする。

（わかったこと）

・おなかの中で大きな時間をとって、少しずつ、大きな進化をとげている。

・赤ちゃんは水の中でも生きている。

（思ったこと・疑問など）

・赤ちゃんはどうやっておしっこをするのか。

・空気はどうやって入っているの？

・最初は何の赤ちゃんかわからないほど気持ちわるかった、少し。

・おなかの中で目をあけることはないのか。

・自分もこんなに小さかったんだな。

（3時）胎盤とへその緒

〇用意するもの
・胎児の画像
・NHKのDVD『驚異の小宇宙 人体 Vol. 1「生命誕生」』
・焼酎などの広口のプラスチックボトルを2本
・豆腐

〇めあて：赤ちゃんが母親の体内で育つために、どのようなしくみがあるのだろうか。

　赤ちゃんは水の中でも生きている、と言ってたけど、どうやって息をしているのだろうか。また、成長するために必要な養分はどうやって得ているのだろうか。まず、考えさせてみる。
・へその緒を通って来ている。
・お母さんの血が来ていて、そこからもらう。
　血液のはたらきはまだ学習してはいないが、血液が関係していると予想している。
　DVD「生命誕生」より、「11. 胎盤」を最初から44分4秒までを見せる。冒頭から「母親と胎児は決して血を交えません。」と、衝撃の事実が語られる。母親から子どもへは成長に必要な養分・酸素・病気にならないようにするもの（免疫）が送られ、子どもから母親へは体内でいらなくなったもの・二酸化炭素が送られしくみを見せる。
　羊水のはたらきについても触れる。広口のプラスチックボトル2本のうち、一方は空のままにし、もう一方には水を入れる。それぞれに豆腐をひとかたまり入れる。振ったらどうなるだろうか。空のものは砕けてしまう。水の入ったものはつぶれない。羊水で満たされていることで、赤ちゃんが守られていることが分かる。その分、母親は重い思いをしなければならない。

〇まとめ：母親の体内には、赤ちゃんが養分やいらないものを受けわたすしくみがある。また、大切に守るしくみもある。

（わかったこと）
・たいばんにはいろいろな機能がついている。
・親と子どもは血がつながっていないことがわかった。
・成長に必要な養分は母親からおくられること。
・赤ちゃんは母からめんえきをもらっている。

（思ったこと・疑問など）
・へその緒がものすごく大事だと思った。
・たいばんはすごいと思った。
・人間よくできているなあ。
・おなかの中の赤ちゃんは何を考えているのか。

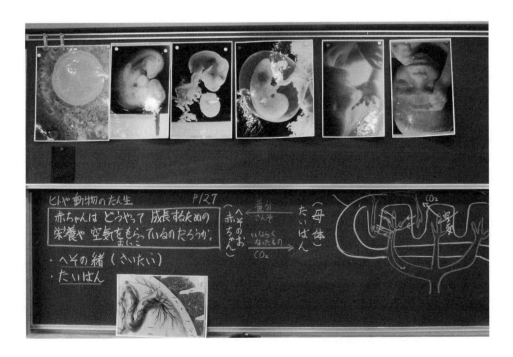

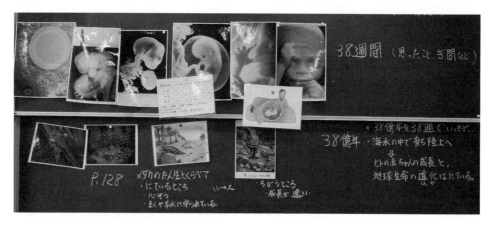

（4時）生命の長い歴史をいっきに

〇用意するもの
- 胎児の画像
- 地球の生命の歴史の絵
- 羊水・海水・人体の構成成分を比べた表

〇めあて：ヒトの赤ちゃんの育ちと、生命の歴史をくらべてみよう。

　まずヒトの受精卵と最初の生命。どちらも最初は小さい。4週めは尾が付いていたりエラのようなものがあったりと、魚類や両生類のようである。生物の進化と似ていることを第1次で使った絵と比べながら見ていった。

　さらに、羊水と海水と人体の構成成分を比べてみる。すると、羊水と海水はとてもよく似ている。赤ちゃんは海水と同じような中で過ごしていたことになる。生命の歴史も最初は海中の時代が長かった。生命は海から生まれ、海で育っていることも似ている。

　そうしていると、子どもの方から「1週間1億年だ。」と声が上がった。こちらも気がついていなかったが、言われてみればそうである。もちろん線形的な成長ではないので、ぴったりではありません。

　メダカの卵の中での育ちと比べてもよい。最初はメダカもヒトもその姿ではない。だんだんメダカやヒトの姿になっていくことがやはり似ている。

〇まとめ：ヒトの赤ちゃんの育ちと、生命の歴史は似ているところが多い。

（わかったこと）
- ヒトの赤ちゃんの成長と地球生命の進化がにていることがわかった。
- 1週間で1億年分赤ちゃんが進化しているのがわかった。
- 38億年の歴史の生物がいないと、今の人間がいないことがわかった。
- 動物と人間は同じようなものだったということがわかった。
- 何億年何千年もして、ぼくらや動物とかが生きているのがわかった。

（思ったこと・疑問など）
- 38億年のできごとを、赤ちゃんは38週間でやって、すごいなあと思った。
- 最初は魚に似ていることが不思議に思った。
- 私たちにもこうやってちゃんと設計図があって赤ちゃんを産むのは、とてもすごいんだなあと思った。
- 生き物はカッコ悪いと思っていたけど、いろいろカッコいいこともしていると思った。
- どうして地球が生まれたのか？どうして人間や動物がいるのか？どうして世界があるのか？

［参考文献］
- 岡田 幸夫『生命誕生をどう教えるか－進化の視点を生かした「指導案」と「授業書」』（冊子）1990頃
- レナート・ニルソン『生まれる－胎児成長の記録』講談社1981

流れる水のはたらきと土地のつくり

山梨：南湖小学校
河野 太郎

1. 単元名 「流れる水のはたらきと土地のつくり」

2. 単元について

　川は、普段から私たちの生活に大きくかかわってきた。山梨県の中では、富士川舟運を代表とした交通としての役割を果たしていた部分だけでなく、飲料水をはじめとした生活用水、あるいは、工業生産をささえる工業用水など、現在でもその役割は大きく欠かすことのできないものである。

　しかし、時として、川は氾濫し、私たちの住む大地を大きく変化させてきた。山梨では、その昔、武田信玄の治水で「信玄堤」が有名だ。これは、御勅使川扇状地をつくった御勅使川の堤である。子どもたちには、このような地域の歴史にも気づかせたい。

　その川も、一度大雨や台風が来ると、私たちの生活を脅かす災害をもたらすこともある。この夏（2017年）も毎日のようにあちこちで豪雨があり、河川が氾濫し、土砂災害が発生した。

　児童の多くがこうした災害における水の怖さや川の様子を知っている。しかし、テレビで映し出される映像と近くを流れる川とは、やはり違い、川をイメージするのが難しい現状がある。登下校時に見る川は、河岸が整備されているものが多く、自然の姿をした川とは異なる。

　こうした現状を踏まえ、児童に川をしっかりイメージできるようにさせたいと考える。そのために、まず山梨の川や学校の周りを流れる川について把握しておく必要があると考える。特に本校のある南湖地区は、甲府盆地でも一番低いところに位置するため、盆地を流れる多くの河川が集まってくるところである。そうした地域の特徴も改めてとらえていきたいと考える。また、川には上流・中流・下流があり、それぞれ特徴があることも学習しておく必要がある。これは利根川や大井川など、上流・中流・下流の違いがはっきりしている大きな河川を資料として活用しながら学習を進めていきたいと考える。

　川のイメージができたところで、地面を流れる水や川の様子を観察し、流水のはたらきを学習する。雨が降った後の校庭や川を見ると、どこかを侵食し砂や泥などを運搬し、そして堆積させている。最近のゲリラ豪雨や台風、梅雨の長雨などによる水の力ははかり知れないものがあるが、その力（はたらき）に関わるのが、水の速さであり量である。流水のはたらきにおいて、水の速さと量に焦点を当てて学習を進めていく。

〈大雨の後の釜無川〉

　侵食や運搬、堆積という流水の働きを学習した上で、重要になるのはそのはたらきによって土地の様子が変化することがあることである。そのために、身近な地域の土地の様子に目を向け、その土地が川の流れによって形成されてきたことを学習する。その上で、校庭や農園、砂場などの場所に同じような実験環境を用意し、実際に水を流してみることで、侵食や運搬、堆積ということを確かめていく。理科の学習と自

然の現象、とりわけ自分たちの住んでいる土地の多くが、水によって形成されてきたことを学ぶことは非常に重要なことだと考える。

3. 単元の目標

① 学校の周り（南湖地区）を中心に、山梨県の主な川・山・地形とおよその位置がわかる。

② 川の上流は、川の傾きが大きく流れが速いこと、下流は傾きが小さく流れが遅いことを知る。

③ 水が速く流れるところでは、水の削る働きや運ぶ働きが大きくなることを知る。

④ 水が遅く流れるところでは、水の削る働きや運ぶ働きは小さく、土砂が河岸や川底に堆積することを知る。

⑤ 川のはたらきにより、学校の周りや甲府盆地の地形ができたことを知る。

4. 指導計画（全14時間）

1次 南湖地区の周りを中心に、学校の位置や山梨県の川や山、地形について学習することを知る。

① 南湖小学校の位置を確かめ、山梨県の主な川・山・地形を知る。・・・・・・・（2時間）

2次 川には「侵食（削るはたらき）・運搬（運ぶはたらき）・堆積（積もらせるはたらき）」があり、川の水量と速さに関係することがわかる。

① 利根川の映像を見ながら、上流・中流・下流の特徴を知る。・・・・・・・・（1時間）

② 斜面に水が流れると土が削られることがわかる。（谷・沢）削られた土は運ばれて、平らな所に積もることを知る。（扇状地）
・・・・・・・・・・・・・・・・（3時間）
※校庭の土砂置き場を活用する。
※山の高さ50cm以上にし、斜面の下に平らな所をつくる。
※「侵食」「運搬」「堆積」の学習。

③ 川が曲がっているところでは、外側が削られ内側には土砂が積もることを知る。

・・・・・・・・・・・・・（1時間）

④ 晴れた日と大雨では川の流れの速さや量に違いがあり、川の水量と速さによって運ぶ土砂の量が違うことを知る。・・・・・（1時間）

⑤ 川の上流・中流・下流によって、石の大きさや形に違いがあることを知り、川のはたらきが関係していることがわかる。
※石の大きさ・石の形・・・・・・・（1時間）

3次 南湖地区の地形のでき方について地図を見ながら考えることができる。

① 川によって運ばれた土で、土地の地形が出来上がることを知る。・・・・・・（1時間）
※校庭の土砂置き場につくった山を活用する。（山の上にある土の粒と扇状地まで運ばれたものの粒の大きさを観察する。）

② 南湖小学校の土地がどの川によって運ばれたかを考える。・・・・・・・・・・（3時間）
・南湖小学校の東の道はどちらに傾いていますか。また、南の道はどちらに傾いていますか。

③ 天井川のでき方について考える。
・・・・・・・・・・・・・・・・（1時間）

5. 授業展開

まずは、自分たちの住む山梨県の川の様子について知るために、どんな川があるか確かめる学習からスタートする。

山梨県の地形図を見ながら、「富士山・八ヶ岳・茅ヶ岳・御勅使川・釜無川・富士川」を記入しましょう。また、御勅使川扇状地・甲府盆地に印をつけましょう。
南アルプス市の地図を基に、南湖小学校の周りの川を覚えましょう。

〈用意するもの〉
　県全体の白地図（河川が入ったもの）

最初に、山梨県の川の名前を5つ挙げてもらうことにした。聞いたことはあるけど、本当に存在するのか不安なのか、最初からいくつか質

問が出された。

C1：山梨県の川って、大きい川でも小さい川でもいいのですか？

T ：そうだよ。大きさは関係ないから知っている川を書いてください。

C2：じゃあ、滝沢川も書けるね。

C3：○○川もそうかな。

T ：大丈夫。まず、思いついた5つを書いてみましょう。

ノートに記入したところで、書いた川の名前を発表させていく。

それぞれ5つ以上の川の名前を書くことができた。地域の川は比較的よく知っていたが、富士川や笛吹川などの大きな川を書けない児童もいた。

次に、それぞれの河川の場所を確認しながら、白地図に名前を記入していく。名前は知っていても、場所がよくわからない河川もあり、「こんなところに釜無川があるんだね。」とか、「富士川は、いくつかの川が合流してできているんだね。」とか、新しい発見をすることができた。

御勅使川扇状地について、子ども達は4年生のときの地域学習を通して学習をした。そのため、場所もよくわかっていが、改めて地図を見ると扇状地の大きさにびっくりしていた。

T ：御勅使川は、昔から暴れ川だったんだよね。川の氾濫を押さえるために、あちこちに工夫がされてきたよね。

C4：信玄堤や将棋頭があった。

地域の様子と合わせて学習したことを思い出していた。

〈滝沢川の様子〉

次の時間は、南湖地区の川について学習した。グーグルの南湖地区の地図とハザードマップを活用し、近くを流れる川の名前を書き入れてみた。

学校の周りの地図です。川の名前を書き入れましょう。

〈google map より〉

〈南アルプス市ハザードマップより〉

地図の中に、「釜無川」、「横川」、「八糸川」、「滝沢川」、「狐川」を書き入れると、学校の周りが多くの川に囲まれていることに気づくこと

流れる水のはたらきと土地のつくり　39

ができた。
　この後、黒部川の様子についてNHKデジタル教材を活用して確認した。
http://www.nhk.or.jp/rika/dcontent/full_index.html?unitDir=13052000
　それから、実際に自分たちで校庭に山をつくり、実験してみることにした。

> ・山に水が流れると、山の土は削られますか。土が削られる部分に①、土が積もる部分に②と書きましょう。・・・・・・・・・（3時間）

　午後の2時間を利用して、実験をすることにした。休み時間に校庭にある残土置き場にホースをセットし、いつでも水を流せる状況にしておいた。このとき大切にしたのは、水が流れて多くの土砂が崩されるように、スコップで土を柔らかくしておくことである。また、下の平らな部分には、海ができるように壁を作っておく。実験の様子についてポイントを押さえて観察するために、観察の視点を確認してから、実験に入るようにした。
① 削られるところと積もるところ
② 流れる水の速さは場所によって違うか
③ 時間が経って、水が多くなってきたときの様子
　校庭に出て水を流し始めると、水の勢いで頂上部分がすぐに削られ始めた。ある程度削られることは予想できたようだったが、予想以上に削られた様子に多くの児童が驚いていた。

> なぜ坂の急な部分が削られたのでしょう。

　次の時間は、この課題を投げかけてみた。前回の川の実験を振り返り、山の坂になっている部分が削られ、平らな部分にたまったのはなぜか考えてみることにした。現象として、坂になっている部分が削られたことはわかったが、その原因を知ることは、川のはたらきを理解する上で大変重要なことと考えたからである。
T ：前の実験で、坂の部分、（写真を示しながら）この斜面になっている部分が削られることはわかりましたが、なぜ坂の部分が削られたか考えてみましょう。
C1：それは、坂の部分が急になっているから、水に勢いがあったからだと思います。
T ：今C1君が言ってくれたのは、「勢い」って言葉ですが、これはどんな意味があるのでしょうか。C1君どうですか。
C1：水が速く流れること。
T ：水の流れるスピードが速いという事ですか。
C1：そうです。
C2：僕もC1君と同じで、坂の部分の方が水の流れるスピードが速かったからたくさん削られたんだと思います。
T ：他に考えたことがある人。C5さん。
C5：平らなところは、緩やかで流れが遅いから土がたまるのだと思います。
C3：流れが遅くなると、土が動かなくなるから土がたまるんだと思います。
　川の流れの速さによって、「土が削られること」（侵食）、川の流れによって削られた土砂を下流まで運ぶこと（運搬）、緩やかになった下流で運ばれた土砂がたまること（堆積）について、確かめた。
　この後川の曲がっているところにおける、流れの速さの違いを調べる学習を行った。
　前回の実験の画像を基に児童が考えることができた。川のカーブの内側と外側の速さの違いをはっきり見せるために、NHKデジタル教材の資料も活用した。http://www.nhk.or.jp/school/

実際に、自分たちで実験すると映像との比較もできるので、非常に効果的であったことを実感した。この後、晴れの日と雨の日について、川の流れの違いを学習した。

> ・晴れた日と大雨の日、川が濁っているのはどちらですか。

晴れの日と雨の日、川の様子が違うのは児童も何となくわかっていた。しかし、その理由として、いろいろな考え方が出された。

T：濁っているということは、どういうことか考えてみるといいですね。理由も含めて書いてみてください。

C1：雨の日の方が濁っていると思います。理由は、川の流れが速いからたくさんの土を運ぶと思うからです。

C2：私も雨の日の方が濁っていると思います。理由は、流れの勢いが雨の日の方がすごいからです。

T：今C2さんから、「勢い」という言葉が出されましたが、それは「スピードが速い」ということでしょうか。

C2：そうです。

児童の多くが雨の日の川の流れの速さに着目していたので、「速さが速いこと」、「水の量が多いこと」を確かめることができた。（詳細は後述）

> 川の写真が2枚あります。どちらが上流でどちらが下流ですか。

上流と下流の写真を示し、石の大きさや形に着目しながら、上流・下流の区別をさせたいと考えた。

ここで問題になるのは、石の大きさである。上流にも下流にも小さい石がありますが、その数は下流の方がはるかに多いことはわかる。反対に、上流には大きな石がたくさんある。画像からその違いに目を向けさせたいと考え、

NHKのデジタル教材等を活用した。
（※NHKデジタル教材「川の上流・下流石の様子」）

実際に拾ってきた上流・中流・下流の石を並べ、どれが上流で、どれが中流、下流の石なのかを選ぶ活動を行った。運んでくる関係もあるので、大きな石は持ち込めなかったので、形を中心に確かめてみることにした。本物の石を見ると、子ども達もその違いが明確になったようで、角ばっている上流の石と比べると下流の丸い石は見た目だけでもずいぶん違っていた。

> ・山の中を流れてきた川が平らなところに出ると、どんな地形をつくるか観察しましょう。

まず、校庭に作ってある山の模型でもう一度確認する。山の上の方から水を流すと、上部の土砂を削りながら流れて行く様子はすぐに確認できる。その上で、運ばれた土砂が下の方に堆積し、扇状地をつくることがわかる。少し長い時間水を流していくと、水の流れも変わり、土砂の堆積もより広範囲になっていく。御勅使川扇状地ができたのもこうした川のはたらきによるものであることを再度確認していきたいと考えた。（御勅使川扇状地の写真）最後は、御勅使川の旧河道の写真等を見せながら、川の流れによって土地が形成されることを学習する。

地域から始まり地域に戻る、ということで、まとめは、学校の周りの河川につなげていく。

流れる水のはたらきと土地のつくり

> 滝沢川は天井川です。このような地形は、なぜできたのですか。

　南湖地区の滝沢川は、天井川で昔はトンネルがあり、川の下を車が走っていた。そんな昔の写真を紹介しながら、地域の川の様子を見ていく。

> 学校の東の道はどちらに傾いていますか。また、南の道はどちらに傾いていますか。

　天井川が、河川のはんらんを押さえるために土手を築いてきた先人たちの工夫によってできたものであることを確認していく。
　学校の周りには、東側、西側に川がある。比較的大きな釜無川が東側に、西側は滝沢川になる。道路の傾きを調べることで、どちらの土砂が流されて土地が形成されたかを調べる学習である。

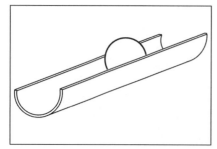

　上の図のような装置を作り、実験した。
　今回は雨どいがあったので、それを活用した。雨どいの真ん中にそっとビー玉を置き、手を放す。すると、ビー玉は道の傾きに合わせて動く。今回、児童の実験を基に調べたところ、ビー玉は西から東に移動した。つまり、この場合は西側の滝沢川の影響によりこの土地が形成されたことが推測される。

6.実践展開の具体的例示

【8時間目】晴れた日と大雨の日、川が濁っているのはどちらですか。
〈準備するもの〉
・近くの川（滝沢川）の写真（2枚…晴れの日、雨の日）
・大雨や台風の日の川のＶＴＲ　等
※川の写真で雨の日の物を用意する場合は、大雨の日またはその翌日に撮影しておくとよい。

　最初に、これまでの学習を振り返りながら、川の三つのはたらきを確かめる。
Ｔ　：川の３つのはたらき、言えますか。
Ｃ１：運ぶはたらきです。
Ｔ　：そうですね、「運搬」と言いました。
　　　あと２つは何かわかりますか。
Ｃ２：削るはたらき。
Ｔ　：そうですね。難しい言葉だけど、「侵食」と言いました。
　　　そしてあと一つは？・・・
　　　「堆積」、積もらせるはたらきですね。
　川にはこの３つのはたらきがあることを確認した上で、晴れた日の川の様子と雨の日の川の様子の違いについて考えてみることを伝える。
　「晴れた日と大雨の日の川では、どちらが濁っているか考えてみましょう。自分の考えをノートに書いてみましょう。」
〈自分の考えをノートに書く〉
　自分の考えをノートに書かせる。台風や大雨の時の川の様子を思い出して書くように声をかけるが、川が濁るということは、土砂の量が多くなっていることであり、土砂の量が多くなるわけを、これまでの学習を活かして考えていくことがポイントになる。児童には、必ずこれま

での学習にヒントがあることを伝えながら学習を進めていくと、これまでの学習内容を基に考える習慣が身に付いてくる。

大雨の時の方が濁るという考えが多く出されるが、大事なことは「なぜ大雨のときがよく濁っているのか」ということである。

大雨のときは、水の量が増え、流れも速くなるので多くの土砂が削られ、削られたたくさんの土砂が運ばれるため、川が濁るわけだ。理由を丁寧に取上げながら進めていきたいと考えた。

自分の考えが書けたところで、発表してもらいます。

・にごっているのは、大雨の時だと思います。
・今年の台風とかの時に、テレビで見たら、にごっていたからです。
・大雨の時は、水の流れる速さが速いから、運ばれてくる土砂も多いと思うからです。
・大雨の時は、川の底にある土を巻き上げるのでにごっていると思います。

などの考えが出されます。水の流れが速くなることや土を巻き上げるなどの考えに着目させていきたいと考えた。

〈友達の考えをきいて思ったことを書く〉

友達の考えをきいて、同じだと思うところ、違うと思うところを書かせる。雨の日の方が濁っていると考える児童が多くなるので、ここでも理由に着目するように声をかけていく。

・私もＣ２さんと同じで、大雨の日だと思います。大雨が降るとその雨の勢いで土が削られて、たくさんの土が川に流れ込むからです。
・私も台風の時テレビを見ていたら、すごい勢いで川の水が流れていて、すごく茶色だったことを覚えているので、雨の日の方が濁っていると思います。

〈ビデオや写真で確かめる〉

まずは、地域の川や児童がこれまで見学したことのある川の写真を見せる。

Ｔ：これは、みなさんが４年生の時に見学した川ですよ。なんていう川でしたか。
Ｃ１：釜無川だ。

Ｃ２：そうそう、信玄堤の公園だね。
Ｔ：これが晴れている日。
Ｔ：そしてこれが雨の日です。
どうですか。どちらが、濁っているかわかりますか。
Ｃ３：雨の日の方が濁っているように見えるね。
Ｃ４：川の流れも、雨の日の方が速そうに見える。

Ｔ：でもこれだと光が違ってよくわからないところもあるので、これからＶＴＲを紹介します。
ＮＨＫデジタル教材の中から「川と人のくらし」のクリップ集を活用し、紹介していく。

「雨の量と水害」というコンテンツには、「土地を削る川」「雲仙の土石流」などのＶＴＲがあり、雨の日の川の様子をわかりやすく紹介している。

http://www.nhk.or.jp/rika/dcontent/full_index.html?unitDir=13053000

〈確かになったことを書く〉

写真やＶＴＲを見て、確かになったことをノートにまとめていく。今回は、川が濁っているのは、晴れの日か雨の日かと言うことがまずポイントになるので、そのことをまず書けるとよいと考えた。それから、「雨の日の川の流れは速

流れる水のはたらきと土地のつくり　43

くなり、たくさんの土地が削られること」。「たくさんの土砂が運ばれること」と記述していくことができればよいと考えた。

〈ノートから〉

　わたしは、川が濁っているのは、雨の日だと思いました。先生が釜無川の写真を見せてくれたけど、やっぱり雨の日の方が濁っていました。ビデオを見たら、雨の日の川はゴーゴーと音を立てて水が流れていて、水の色もまっちゃ色でした。大雨の川は、すごい勢いで流れるので、土砂だけでなく大きな石も運んでいると思います。

　川は、大量の雨の後、流量と流速が大きくなるだけでなく、上の児童が書いているように、流されている大量の土砂で濁っている。このとき、濁った水は土砂を含んでいる分だけ密度が大きくなり、結果として大きな岩を流せる浮力を得ることになる。今回は、紹介できなかったが、大きな岩が流されている例を、実験やVTRで見せたいものである。

〈雨のもたらす災害について〉

　最後に、雨のもたらす災害についてVTRから考えさせる。

T：こんなに勢いよく川の水が流れると、本当に怖いね。何でも流されそうです。

　実は、最近はゲリラ豪雨とか、集中的に雨が降ることが多く、日本でも多くの災害が起きています。

　大雨の時の利根川の様子や北九州市の川の様子などを紹介し、土砂災害や河川のはんらんなどの災害を紹介する。

　そうした災害も含め、川がその土地を形成してきたこと、そしてこれからも川によって土地が変わっていくことがあることを伝えていく。

7. 特に大事にしたこと＝ 身の周りの自然に結びつけること

　「学習したことを身の周りの自然に結びつけること」を目指して授業を考えました。そこで、

山梨や南アルプス、学校の周りの地形について学習しました。本校のある南アルプス市は、北部の御勅使川扇状地と南部の河川が多く集まる低い土地とに分かれています。そのため、扇状地のある北部では水が少なく、田畑や作物を作ることができないような乾いた土地でした。一方、南部の低い土地は、ちょっと雨が降ると水に浸かったり、川が氾濫したり、昔から水の多い地域でした。

　長い歴史の中で、「水が少なくて苦しむ北部」と「水が多くて苦しむ南部」がある南アルプス市の土地の様子について、社会科や総合的な学習の時間を使って学習してきた子ども達です。本単元では、川がつくる土地についてさらに学習を深めていきたいと考えました。

　学校のある南部では、川が多いので、児童の多くが登下校で目にしていますが、実際にどんな流れをしているのか、何という川の名前か、など知らないことも多いので、山梨県の川の学習からスタートしました。

　今回の実践を終えて、やはり理科の学習で学んだことと身の回りの自然を結びつけることの大切さを改めて感じました。また、映像資料等を上手に活用することで、効果的な学習をできることも確かめることができました。課題としては、その学習に合った内容の資料をいかに、たくさん集め、わかりやすい方法で児童に提供するか、実際の川の写真など地域の資料をどれだけ多く提供できるかが、児童の興味関心を高める上で重要になってくると考えました。

電流がつくる磁力＝「電磁石」

元公立小学校　元京都橘大学

生源寺 孝浩

1. 磁石、電磁石を子どもたちは大好き

子どもに磁石と鉄球（パチンコ玉）やゼムクリップを渡すと、ひっつけては引き離し、磁石につけた鉄球（パチンコ玉）に2つ目3つ目の鉄球をぶら下げたりして、いつまでも遊んでいる。また、電磁石を作っているときの子どもの表情は、とても真剣で集中している。出来た電磁石で磁石を引きつけたり、鉄球を引きつけたり、また、ゼムクリップを引きつけたりして、いつまでも楽しんでいる。

子どもたちにとって、磁石や電磁石は、楽しくてうれしくてしかたのないもののようだ。

でも、磁石の磁気も、電磁石の電気も磁気も目に見えない。ましてや、電流の流れているコイルだけで磁場が出来るということは、子どもたちの認識にとって飛躍が求められる内容である。だから、子どもたちが「電磁石」の学習内容全体にわたって分かるようになるには、気をつけて授業を組み立ててやらねばならないところがいくつかある。それらをこれから一緒に考えていきたいと思う。

2. 「電流がつくる磁力」のねらい

筆者は「電流がつくる磁力」＝「電磁石」の単元の中間段階のねらいを、次の4つにしている。

1）補充目標（1st step）
：磁石と磁石の関係の学び

1. 鉄は磁石につく。磁石につくものは鉄である。
2. 磁石にはS極とN極とがある。北を向く方がN極と名付けられている。
3. 磁石の同極は斥け合い、異極は引きつけ合う。
4. 磁石同士は間に何かがあっても、空間を隔てていても引き合ったり、斥け合ったりする。

2-1）到達目標1（2nd step）：
磁石と鉄の関係の学び

5. a 磁石は、そばにある鉄を"磁石"にする。
5. b 鉄は磁石のそばで"磁石"になる。
5. c 鉄が"磁石"になっているならば、"磁石"になっている鉄のそばには磁石があるはずだ。

2-2）到達目標2（3rd step）
：鉄芯あり電磁石と電流の関係の学び

6. 電磁石はコイルの導線に電気が流れると鉄芯が磁石になる。
7. 電磁石の強さは、電流の大きさ、コイルの巻き数によって変わる。
8. 電磁石は電流の向きでN極・S極の場所が決まる。

3）発展目標（4th step）
：コイルと電流の関係の学び

9. 導線に電気が流れると磁石のはたらき（磁場）ができる。それが鉄芯に磁力を作り出している。

4）方向目標
：単元全体の学び

10. （要するに）電流は磁場をつくる。

単元全体の一番でっかいねらいは上の方向目標の10.）「『電流は磁場を作る』が分かる」である。次頁以降に「電磁石」の〈のぼりおり〉が示されている。詳しくはそれを参照されたい。

3. 1時間毎の授業展開をこうする

「2. ねらい」に示した単元の中間段階でのねらいに沿って、1時間毎の学習展開を示したいと考えているが、まずは、「電磁石」の学びを子どもたちがどのように受け止めながら学んでいくのかを、「電磁石の〈のぼりおり〉」で見てもらうことにする。（要A3に拡大）

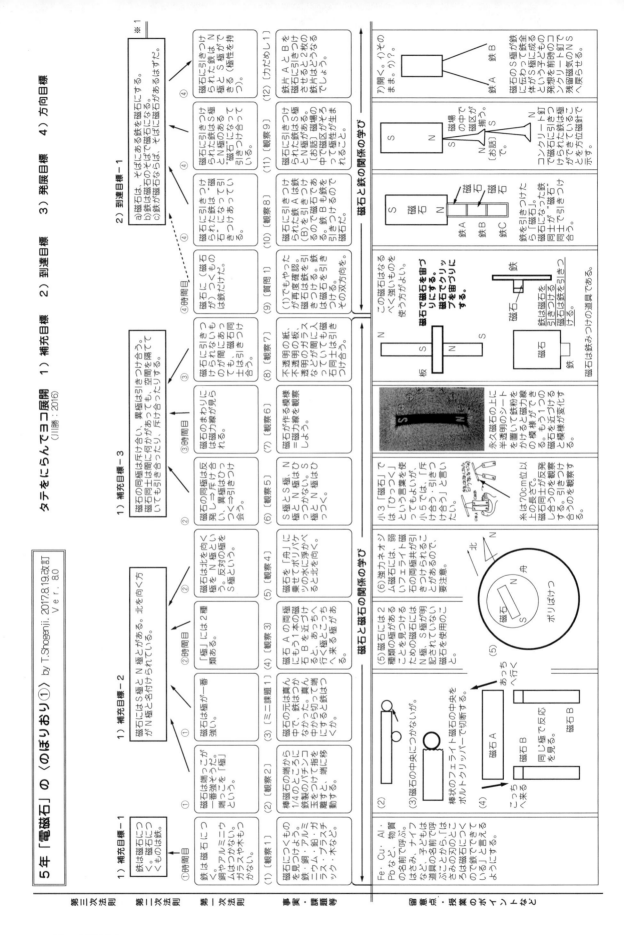

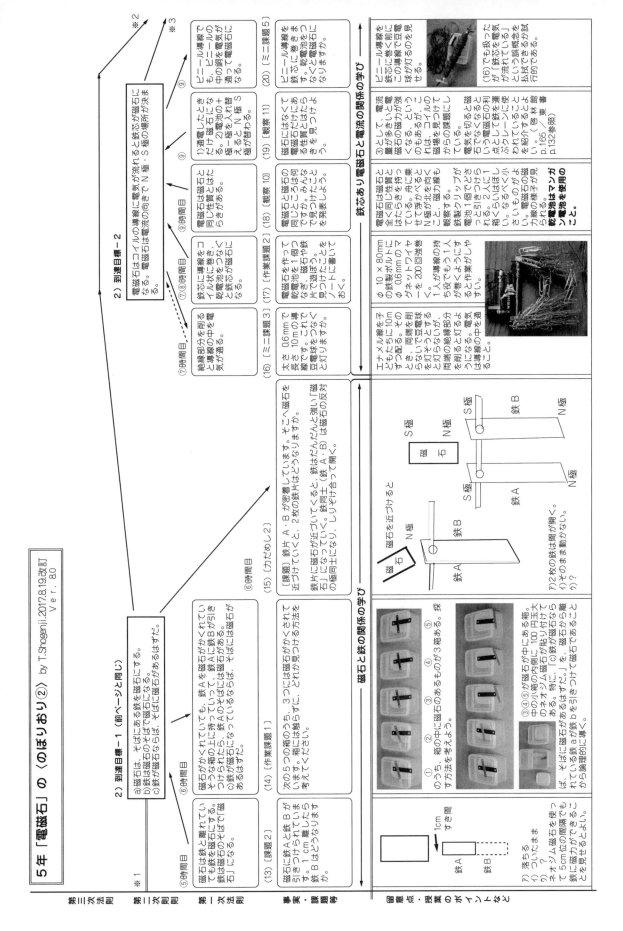

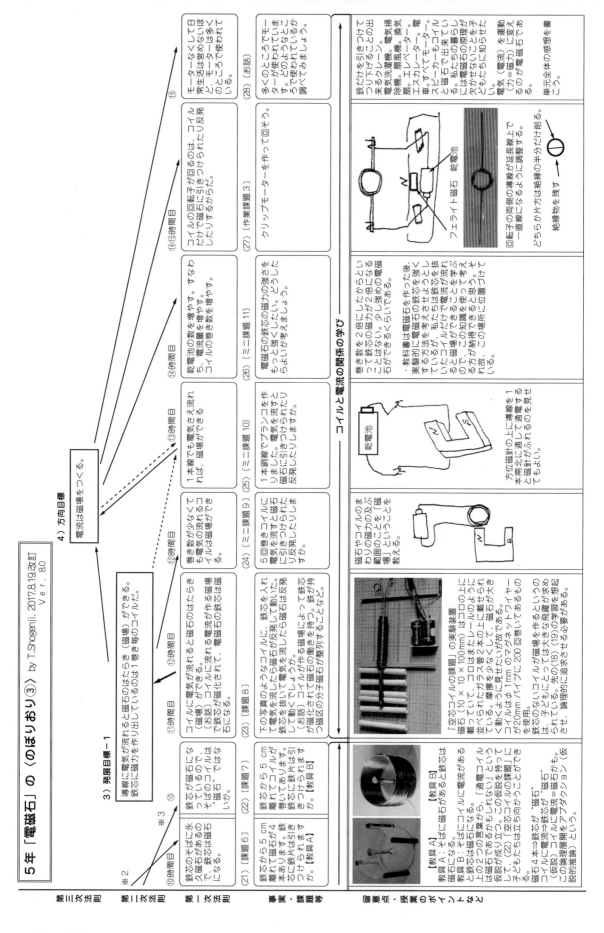

4.「電磁石の〈のぼりおり〉」の授業を行うための教具に関する注意事項

1)「磁石と磁石の関係の学び」では
〈のぼりおり〉表の(2)から(5)で使用する磁石は、磁石のN極・S極が表示されていない磁石を使うこと。紙で包むとよいと思う。

2)「磁石と鉄の関係の学び」では
〈のぼりおり〉表の(11)を除く(10)から(15)で使用する鉄片は、できるだけ残留磁気がない方がよい。鉄片を焼きなまして軟鉄にしておく。(11)は逆に、鋼鉄で実験を行う。鋼鉄は残留磁気ができる鉄であり、DIYセンターでコンクリート釘を求める。

3)「鉄芯あり電磁石と電流の関係の学び」では
〈のぼりおり〉表の(16)(17)の電磁石をつくるとき、導線としてエナメル線またはマグネットワイヤーを子どもたちに10mずつ渡す。電磁石の作り方は後に詳しく解説するが、200回巻きで約9.4m前後必要である。巻き方によって使われる導線の長さは変わると思われる。

子どもたちに渡す乾電池はマンガン乾電池を使用する。最近はアルカリ乾電池が主流だが、大量の電流が流れて指先をやけどする可能性がある。

4)「コイルと電流の関係の学び」では
〈のぼりおり〉表の(23)「コイルだけで磁石が反発する」実験では、はじめに鉄芯を入れて通電すると、磁石が反発することを見せる。鉄芯は磁石と相互に引きつけ合うので、ペットボトルのふたなどを磁石と鉄芯の間に入れて、密着しないようにしておく。密着すると通電しても磁石は鉄芯から離れてくれない。通電すると磁石が反発して動くことを確かめた後は、間に入れたものはなくてもよい。もし、磁石が鉄芯の方に引きつけられているようだったら、磁石を180度回す(N極・S極を入れ替える)とか、乾電池のプラス・マイナスを入れ替える。

〈のぼりおり〉表の(27)「クリップモーターづくり」では、いくつかの留意点がある。

ⅰ)回転子のコイルは中太のフェルトペンか、単3乾電池に巻いてつくるとよい。

ⅱ)5回巻きくらいである。巻き数が多いと重くなってバランスが取りにくくなる。

ⅲ)割り箸を二本重ねて四角いコイルを作り、割り箸の溝を利用して回転子の中心に軸が来るようにしているのもある。

ⅳ)回転子の被膜の削り方

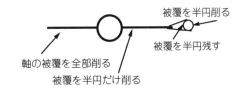

ⅴ)回転子の軸は相互に延長線上に来る。

ⅵ)回転子と磁石とを出来るだけ近くなるように軸受けの角度で調整する。

5) 残留磁気の出来ない鉄
トランスをつくるときに使われるEIコアというものがこれである。いろいろな大きさがあるが、幅1cm長さ5cm位のIコアを利用すると、磁石のそばに持っていったときだけこの鉄は磁石になって、磁石から離すと磁気がなくなる。普通の釘だと少しだけ磁気が残るので、子どもたちの中に混乱を生ずることがある。

5.「電磁石の〈のぼりおり〉」の学習形態と授業時間数について

先に示した「電磁石の〈のぼりおり〉」は「事実」および「第一次法則」が(1)から(27)まである。このカッコの中の数字は、必ずしも、授業時間数を表してはいない。2ないし3つを1時間で行う場合もあるし、たっぷり時間をかけて1時間半ほどを使う内容もある。筆者の思いで授業時間数を丸数字で〈のぼりおり〉表に示している。第一次法則の左上に示した丸の中の数字は時間数の大体の目安である。〔ミニ課題〕で終わるつもりが、やってみたら子どもたちの思いはちがっていて、〔課題〕としてたっ

ぷり一時間かかることもある。だから、授業時間数は変動する可能性がある。

〈のぼりおり〉表には学習形態が7種類ある。それらは、〔観察〕〔質問〕〔ミニ課題〕〔課題〕〔力だめし〕〔作業課題〕〔お話〕である。それぞれどのよう授業のしかたをするのか、簡単に解説しておこう。

〔観察〕：教師からの解説に対して子どもたちがその事実をきちんと観察して理解していく授業のしかたである。たとえば、磁石は水に浮かべると一方が北を向くというのは観察することによって分かることである。

〔質問〕：教師から質問内容が出されて、2人くらいの子どもがそれに答えたらそれでよい。

〔ミニ課題〕：課題内容が教師から出されて、子どもはその課題の予想は記号でノートには書くが、なぜその予想を選んだかの理由は念頭に覚えておくか、メモ程度にノートに書く。予想の選択肢毎に人数を数えて（大抵は予想が当たる方が圧倒的に多くなる）、理由を2～3人に言わせて対立点がはっきりしたら実験する。実験結果から確かになったことをノートに書く。

〔課題〕：学習の中で最も重要な学習形態である。教師から〔課題〕とその予想の選択肢が与えられ、子どもたちは予想し、その予想の理由をなるべくていねいにノートに書く。予想がどのように選択されたか人数を数えて板書し、選択数の少数派から順に予想の理由を2～3人で発表していく。第一回目の予想の理由が出そろったところで、対立点を浮き出させていくように、その予想について賛成・反対の討論をすすめる。予想の対立点が明確になり、実験結果から自然の論理への遡りが可能になったことを判断して、実験に移る。実験結果が出たら、実験結果から確かになったことをノートに書き、感想を言い合って授業を終わる。

〔力だめし〕：前時の授業で獲得している学習の到達点を再確認することを目標にする学習形態である。したがって、全員が正解することをめざしたい。

〔作業課題〕：具体的に電磁石・クリップモーターを作るなど、やってみることを通して学ぶところである。

〔お話〕：お話の内容は研究者が見つけたことを子どもに分かるように解説する。そのために、図、写真、言葉を使ってプリントにしたためておいて、子どもにも配り一緒に読むようにするとよい。

6. 電磁石の作り方

電磁石の〈のぼりおり〉(17)〔作業課題2〕で電磁石を作る。

【材料】

1）鉄製で、太さ10mm×長さ80mmのボルトとそれに合うナット各1個。

2）導線＝太さ0.6mm×10m（エナメル線ないしはマグネットワイヤー）はを子どもに渡して、500mLペットボトルに巻いて準備させる。ほどけやすいのでセロテープで最終端をおさえておく。

3）ストロー　直径12mm×長さ75mm　各1（これはダイソーのビッグストローを使った。）

4）乾電池（マンガン電池を使用のこと）2個／人あるとよいが、1個でもよい。

【作り方】

鉄製ボルトにストローをはめ、導線を30cm残して巻き始める。

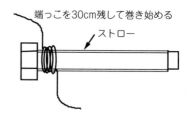

巻くときは出来るだけ導線をそろえて、間が開かないように巻いていく。1人が糸巻きとしてのペットボトルを持ち、1人がボルトにはめてあるストローに巻いていくようにすると、効率的である。巻き数を数えておいて、200回巻

いたら終わりするのもよいが、10m全部巻いてもよい。200回巻くと導線は約9.4m程、使っている。最後の導線も30cmほどは巻かずに残しておく。そのままだとほどけてくるので、最後は巻いてある導線の下を通して押さえるなど、処理する。

巻き終わったらナットを反対から締めておく。それと、導線の両端の絶縁物質（電気が通らない物質が塗ってある）を取り除く作業が必要である。むしろ、その作業をしないまま乾電池を配って、絶縁物質を取り除かないと電気が流れなくて電磁石にならないことをさせるのも意味がある。

7.「(21)〔課題6〕(22)〔課題7〕」の　学習の意味とすすめ方

この「電磁石」の学習で最も大切なことは、「ねらい」のところでもふれたが、「10.（要するに）電流は磁場をつくる」ということであり、その方向目標に到達するために、発展目標として「9.導線に電気が流れると磁石のはたらき（磁場）ができる」を認識できることである。そのために、(21)〔課題6〕と(22)〔課題7〕が用意されている。これら2つの〔課題〕をどのように授業して、子どもたちの中にどのような認識を生み出しておかなければならないか述べることにする。

筆者は下に掲げるようなワークシートを作成し、授業に臨んだ。

2017.3.3.　〇〇小学校5年（　　）組（　　）番　名前（　　　　　　　　）

テーマ：電気の流れているコイルのふるまいを明らかにしよう。

〔課題①〕下の実験道具（A）の中心にある鉄は"磁石"〈＝変身磁石〉になりますか。自分の予想する言葉を丸でかこみましょう。

実験道具（A）　〔予想〕（A）の鉄は磁石〈変身磁石〉に
　　　　　　　　　　なる　　　ならない　　　？　。
　　　　　　　　　〔理由〕そう予想する理由は…

（A）を実験したら・・・（　　　　　　　　　　）
（A）の実験結果のようになったのはなぜですか。下に書いて…

〔課題②〕下の実験道具の中心にある鉄は、コイルに電気を流したら"磁石"〈＝変身磁石〉になりますか。自分の予想する言葉を丸でかこみましょう。

実験道具（B）　〔予想〕（B）の鉄は"磁石"〈変身磁石〉に
　　　　　　　　　　なる　　　ならない　　　？　。
　　　　　　　　　〔理由〕そう予想する理由は…

（B）を実験したら・・・（　　　　　　　　　　）
（B）の実験結果のようになったのはなぜですか。下に書いて…

先生の黒板の文字を写して、Aに書きましょう。（＊印は1文字あけるところです。）

| A | | | ＊ | | | | ＊ | | | | ＊ | | | 。 |

先生の黒板の文字を写して、Bに書きましょう。（＊印は1文字あけるところです。）

| B | | | ＊ | | | | ＊ | | | | ＊ | | | 。 |

AとBから言えることは、〔　　　　　〕が〔　　　　　〕に〔　　　　　〕たら、コイルには〔　　　　　〕ができる。

〔課題①〕は「電磁石の〈のぼりおり〉」でいうと(13)から(15)で学んだことと同じことであり、また、〔課題②〕はコイルと鉄芯が少し離れてはいるものの、(17)や(20)で学んだことを想起すればよいはずなのだが、しかし、

「磁石と鉄の関係の学び」と、「コイルと鉄の関係の学び」とを連関させてとらえたときに初めて、コイルに流れた電流が磁場（磁石の力）を生み出すということが、認識できる内容である。これは子どもたちにとって大きな飛躍を必要と

電流がつくる磁力＝「電磁石」　51

する課題である。したがって、両方とも、同じ大きさの道具で中心に鉄芯があり、一ヵ所だけ磁石とコイルがちがっているだけの教具をつくり、コイルに電流が流れたら磁石と同じ結果が生じることから、ある仮説を導き出そうと考えたのである。

その仮説は、上のワークシートの最下段にもあるように、A〔課題①〕とB〔課題②〕から、それぞれ、「A：そばに"磁石（磁力）"があると"鉄しんは"磁石になる。」を、そして、「B：そばに"コイルに電流"があると"鉄しんは"磁石になる。」を導き、最下段の「AとBから言えることは、〔電気〕が〔コイル〕に〔流れ〕たら、コイルには〔磁力〕ができる」かも知れないという仮説を導くのである。上のワークシートの〔課題〕に対して、少し引っ張ってやらなければならないかも知れない。鉄芯がないのに磁力が生まれているということは、子どもたちにとってものすごく意外なことだからである。

この論理構造はアブダクション（仮説的推論）といい、「(a) 庭の芝生が濡れている（現象）(b) 雨が降ると芝生が濡れる（法則）(c) だから（今はやんでいても）雨が降ったに違いない（仮説）」という例で示されている。

この例に先の〔課題〕をあてはめると、「(a) 磁石（磁場）のそば（中）の鉄芯が"磁石"になっている。【〔課題①〕＝（現象）】(b) コイルに電流が流れると鉄芯は"磁石"になる。【〔課題②〕は電磁石＝（法則）】(c) だから、コイルに電流が流れると磁石《のはたらき》（磁場）ができるに違いない（仮説）」となるのである。

8．この仮説を証明するのが
(23)〔課題8〕の議論と実験である

まず課題を子どもに出すときに、コイルの中に鉄芯を入れてコイルに電気を流したら磁石と反発することを見せる。その後に、「鉄芯を抜いてコイルだけで電気を流したら磁石は反発して動くか」を問う。この問いは、「電磁石の鉄芯に磁力を作り出したのは、コイルに流れる電

流（がつくる磁場）である」という自然観と「鉄芯があるからこそコイルに電流が流れると電磁石が出来るのだ」という自然観との対立である。前者は、自然には原因があって結果があるという自然観であり、後者は、コイルが作る磁力を鉄芯があってこそ受け止めることが出来るという自然観である。この2つの自然観の対立を授業の中でいかに豊かに思いを出させながら、対立させ、深めるかが重要である。「要するに、電流は磁場をつくる」という最も簡単な言葉ではあるが、認識する（腑に落ちる）という営みは言葉ほど簡単ではないようだ。これがうまくいったときこそ教師冥利といえる。

9．なぜ空芯コイルの磁場を扱うのか

学習指導要領理科5年には「(ア) 電流の流れているコイルは、鉄心を磁化する働きがあり、」と示されていて、コイルだけで、電流が流れれば、磁場が出来ることが学習内容にすべきことを、学習指導要領は示しています。

1本線に流れる電流が方位磁針の針を動かすことに触れている教科書もありますが、1本線に流れる電流の磁場から始めて、コイルの巻き数を増やしていく指導過程は、賛成できません。科学史的には1本線に流れる電流の磁場が見つかってから、馬蹄形の鉄の棒にコイルが巻かれて電磁石が発明されたのですが、現代の子どもの目の前には、すでに電磁石があるのです。この電磁石のコイルから鉄芯を抜いて電流を流すと磁場が出来ることを、認識できる子どもたちにしたいと思います。

中学校の理科では、新しい単元に入るとき、小学校の内容の復習が必要だそうです。小学校での学びが曖昧だからです。ですから中学理科は慢性的な授業時間不足が起きています。小学校で豊かな教具と授業で、高い水準の「電磁石」の学習が出来ていれば、中学校で考え合う授業が、今よりももう少し出来るのではないかと思うのです。そのためにも小学校での理科教育の内容と方法の再検討が必要です。

52　小学校5年

「物の溶け方」の授業

近畿大学　教職教育部

玉井 裕和

【物の溶け方　これが大切】

① 有色な物も扱おう。（2時間目）

② ろ過で水溶液を見分けよう。（3時間目）

③ 拡散と均一を扱うと、目に見えない溶解の世界が探究できる。（4-6時間目）

④ 水と油を合わせる。水に溶けない物を溶かし合わせよう。（10-11時間目、発展学習）

【指導計画　全11時間】

1.　無色透明と白色懸濁

ねらい　物が水に溶けた水溶液は透明になって、水に溶けた粒は沈殿してこない。

準備物：食塩、小麦粉、ビーカー2個（100ml）、ガラス棒2本

　100mlビーカーに、水を50mlほどいれたところに、食塩を薬さじ大で軽く1杯いれて、ガラス棒でかき混ぜる。食塩は水に溶け、粒は目に見えなくなって、溶液は無色透明になる。

　次に、小麦粉（でんぷん）も同様に水に入れてかき混ぜる。食塩とは違って、小麦粉は、どんなにかき混ぜても白色に懸濁している。かき混ぜるのを止め、静かに放置すると上の方の水が澄んできて、下に粉が沈殿してくる。

　この二つを対比して、水に入れてかき混ぜたとき、粒が見えなくなり、透明になった食塩を「水に溶けている」と定義する。他方、小麦粉は粒が白く見えて沈んでいるので「水に溶けていない」と定義する。

──〔物の溶け方を学んで〕────────── SKI ─

　物の溶け方をやって、いろいろなことがわかりました。まず食塩は水に溶けると、全体は透明になる。また、時間がたっても別れて出てこない。このような液を水溶液という。

　そして、水溶液の濃さと重さなどをやったりしました。他にも、溶けた物の取り出し方などを学びました。

　そして、分かったことは、食塩が水に溶けると食塩の粒は見えなくなるということです。私は、いろいろなことを知って、とても楽しかったです。（全授業終了後に、テストの一部として、振り返って書いた200字の感想文。以下同じ。）

2.　有色透明と有色懸濁

ねらい　1と同じ。

準備物：食紅（またはクエン酸鉄アンモニウム）、岩石絵の具（酸化第二鉄）、ビーカー2個（100ml）、ガラス棒2本

　はじめに、岩石絵の具（もし入手できれば、酸化第二鉄を使う。鉄の赤錆で、口に入れても安全）の赤を、水に入れてかき混ぜる。液には色がついている。かき混ぜるのを止めると、（小麦粉と同様に）分離し沈殿してくる。

　次に、食紅の赤（こちらも、クエン酸鉄アンモニウムを使う。写真現像に使われている薬品で、口に入れても安全）は、赤い色はついているが、岩石絵の具のように分離してこない。有色ではあるが、食塩と同じように透明な水溶液になる。

　1時間目に学んだことと併せて、有色であるかないかに関わらず、かき混ぜた液が透明になるか濁っているかと、分離しないか沈殿してくるかという見方を、水に物が溶けたかどうかを分別するときの基準として確立させる。

3．ろ紙とろ過、ろ液

ねらい　水に溶けた物と溶けていない物はろ過で分離できる。

準備物：1－2時間目に作った水溶液と混濁液4種、ビーカー4個（100ml）、ガラス棒4本、ロート2個、ロート台、ろ紙4枚、解剖顕微鏡（虫眼鏡）、ザル

　ろ紙を水でぬらすと柔らかくなり、手で引き裂くことができる。その裂き破いたろ紙の端に、紙の繊維が絡んだ様子を見ることができる。これを、解剖顕微鏡（虫眼鏡）で観察させる。こうして、ろ紙は紙の繊維が絡んだたいへん細かいザルであることを知らせる。

　ザルで水と野菜を分離して野菜の水切りができるように、水溶液や混濁液から、物が溶解している溶液と水に溶けていない物とを分離する仕事ができることを説明する。

　そして、ろ紙の折り方、開いて水で濡らしてロートに密着させること、ガラス棒を使うことなど、ろ過の手法を教える。

　はじめに有色透明の液をろ過する。有色のろ液ができる。透明になっているから、溶液には色がついているが、水に溶けているのである。次に有色懸濁の液をろ過する。すると、無色透明なろ液になる。ろ液に色がないので、有色の粉が水に溶けていなかったことがはっきりする。水に溶けない粉は、すべてろ紙のザルに引っ掛かったのである。このようにろ過実験を演示して見せ、子どもたちにも体験させる。

　次に、1時間目に扱った食塩の水溶液と小麦粉の混濁液でもろ過をする。小麦粉を先にやる。小麦粉はろ紙に残るか、それともろ液に落ちるかの予想を持たせてから実験をする。学んだことの定着を図るだけでなく、学んだことを生かせば、新たな問題で予想を持つことができるという体験を大切にしたい。

　ろ過の最後は、食塩水である。ろ紙に粒が何も残らないことは自明だが、果たして、ろ液に水に溶けた食塩が落ちているという予想は正し

いのか。ろ液にガラス棒をつけて取り、それを指の腹に付ける。子どもたちの代表に塩味の確認をさせる。友達の舌での味見にも緊張感が漂う。

　有色透明と有色懸濁の液をろ過することで、無色も含めて、水に溶けて水溶液になっている物（溶質）は、解剖顕微鏡（虫眼鏡）で見たろ紙の繊維の隙間より小さいものに突き崩されていることが明確になる。

　合わせて、ろ過の操作技術も身につけさせる。

4．水溶液は均一

ねらい　一度水に溶解した物は、（元の分子の大きさや密度に違いがあっても）分離しないで、溶液は均一である。

準備物：前日に作った食塩水溶液の入ったビーカー、駒込ピペット、ステンレススプーン、バーナーかアルコールランプ、有色透明の食紅の水溶液

　ビーカーに食塩水を作って、1昼夜静置しておいたものを示して課題を出す。当然、食塩水は無色透明で、何も見えない。

　「水に溶けた食塩は、ろ紙の隙間より小さくなり、目に見えないほどのたいへん小さな粒になりました。粒が目に見えないから、透明になっています。しかし、食塩の粒が、もし目に見えるとしたら、食塩水溶液の中で、どこにどのようにあると思いますか？ 20個の食塩の粒を書きましょう。」

　子ども達からは、「一晩置いたのだから、水より重い食塩の粒は沈んでいる。」という意見がまず出る。他方、「醤油の中の食塩は、ふだん置いたままのを使っている。醤油の上の方から注いでもいつも塩辛いので、食塩は上にもあって沈んでいない。」とか、「全部は沈んでいないとしても、下の方が濃い。」などの意見が出される。

　意見の背後にある、日常の経験や素朴な思いを意見として出し合い、討論をする。その後、意見の変更を聞いて、実験で確かめる。

54　小学校5年

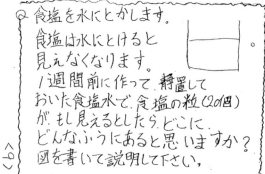

予想　全体に広がっていると思います。

③下にたまっていたら→下に白い粉が見えるから．

②はまぜたときとかわってない　1週おいとくと少し沈む．

5M 白川

①長い間，おいておくと．浮いているものも下にたまる　　水より塩の方が重い　とかしても重さがなくならない　はじめ入れた時．下に沈むなら長い間．おいておくと．下に沈む．

②一度とけたものは長時間．放置しても分離しない　前回の実験で沈殿してたら．水溶液と言えない→水にとけているなら，散らばっている．

結果　実験→ガスバーナーでビーカーの中の食塩水をさじへスポイドですってのせて火で水をじょう発させると，上のもまん中のも塩はあった．

正解
　↓
　②　4　全体に広がっている

　実験では、ビーカーの上・中・底の部分や壁際の部分だけの食塩水溶液を、駒込ピペットを使って、見た目で同量だけスプーンにとる。バーナーなどで加熱し、水を蒸発させ、食塩が残るかを調べる。

　実験すると、食塩は水溶液のすべての場所から出てくる。そこで、「食塩水中の全ての所に食塩があることが確かになりました。」と宣言しても、納得しない子どももいる。

　見た目ではどれが多いかはっきりしないので、思い込みのあるそれぞれの子どもたちからは、「下の方から多く残った。」とか、「いや、真ん中が一番多い。」との声が止まない。

　そこで、「食塩水は無色で透明だったけれど、同じ透明になる水溶液で、色の有ったものがあったね。それを見ると、はっきりするかな。」と語って、1昼夜静置したおいた有色透明の食紅の水溶液を見せる。どこも色の濃淡が同じであることから、濃さは均一であることは、一目瞭然である。

　こうして、水溶液は均一であることを示し、

「このように、どこも濃さが同じであることを、『水溶液は均一である。』と言います。」と教える。

　これを示したのち、均一な有色水溶液の容器の口をラップなどでふたをして、教室のロッカーの上などに静置し続け、観察を続けていくことを呼びかける。

─[2か月間]────────── TNK

　僕は、9月から10月まで、物の溶け方を学んできたわけですが、やってみて、面白かった、楽しかったというのは、はっきり言って全部です。物の溶け方の問題の良いところは、とことんまで考え込ませて、最後に実験して、答えを自分たちで探しだす。というところですね。だから、全部面白いのです。また、いろいろな粉に会えたのもうれしかったです。少し休んでしまったときもあったけれど、さまざまなことを面白く学ぶことができました。

5．水に溶ける物の拡散

ねらい　水をかき混ぜないでいても（ミクロの

世界では、水分子と溶質の衝突で）水に溶ける物は拡散して次第に溶けていくが、かき混ぜるとその拡散が速くなる。

準備物： メスシリンダー２本、バット２枚、食紅、ラップ、ガラス棒２本、

① メスシリンダーのような高さのある筒の底に、多目の食紅と少しだけの水を入れ、濃い食紅水溶液を作る。その上にラップを載せて、ラップの上から静かに水を注ぐ。濃い食紅水溶液と水とが間のラップで分離されている。

これを静置しておき、子ども達の前で、容器の口から針金などを入れ、ラップを片寄せて境界を無くす。

② バットに水を張り、端に一列、食紅の粉を静かに沈める。

①と②のそれぞれにラップをかぶせる。「①では、容器の下にだけ、②では、容器の片方にだけ、濃い食紅水溶液があります。かき混ぜないで、しばらく静かに置いておきます。今、目に見えている濃さの違いは、このあと、変わらないままですか？ 変わるとしたら、どのように変化していくと思いますか？」と、課題を出す。

何日も静置しておくと、①では上に、②では横に、食紅が拡散していく様子が観察できる。全体に溶け広がっていくが、かき混ぜないで静置しておくと、均一になるまで、半月以上はかかる。

この実験の比較対照として、同じ容器で、同じだけの粉と水の量を用意する。子どもたちの目の前でかき混ぜて、均一な水溶液にしたものを作る。それぞれの横に並べ、比較・観察していくように告げる。こちらは、均一な様子がずっと観察できる。

6. 水溶液の粒の大きさを作る？

ねらい 水に溶ける物は、水にどんどん突き崩されていき小さくなるので目に見えなくなる。

準備物： 乳鉢、乳棒、氷砂糖、角砂糖、ビーカー（500ml）、解剖顕微鏡、スポイト

乳鉢に氷砂糖を入れ、乳棒の使い方を教え、「できるだけ細かい砂糖の粒を作ろう。」と呼びかける。

氷砂糖は、どんどん細かい粒になり、粉砂糖になっていく。しかし、当然ながら、粒の大きさを目に見えないほどの細かい物にはできない。

一方で、ビーカーの水の中に、角砂糖を静かに沈める。ビルディング？に見えていた角砂糖が、混ぜていないのに、どんどん崩壊していく様子が見られる。

「液をかき混ぜていなくても、水の分子が、角砂糖のビルの砂糖の分子と絶えず衝突しています。砂糖の分子の塊を絶えず突き崩して、どんどん細かくしているのです。」と語る。ミクロの世界で、水と砂糖の分子が絶えず衝突しあっていることがイメージできよう。

次に、乳鉢ですりつぶした粉砂糖をプレパラートに置き、解剖顕微鏡で粒を観察させる。そのとき、砂糖の粒は見えている。

スポイトを使って、プレパラートの砂糖の横に水をたらす。水は次第に広がっていく。顕微鏡下で見えていた砂糖の粒に、水が迫っていく。水に触れた砂糖は、一瞬にして水に溶け、顕微鏡下でも見えなくなっていく。この様子が観察できる。

「人間が頑張って細かくしようとした砂糖の粒だけど、水は一瞬にて、顕微鏡でも見えない大きさまで、砂糖を小さくしたのだよ。」と語る。

7. 水に溶けて見えなくなった食塩はなくなったのか？

ねらい 物が水に溶けて見えなくなっても、無くなっていないで重さは保存されている。

準備物： 天秤 薬包紙 薬さじ 分銅 ビーカー（100ml） ガラス棒

「食塩を水に溶かすと透明になりました。目に見えなくなったのです。このとき『食塩はなくなった』のですか？」と課題を出す。

子ども達の多くは「なくなっていない。」と答えるだろう。しかし、「見えなくなったのだから、少しはなくなったのではないか。」と考えている子もいるものだ。

その声を出してもらい、「水に溶けた食塩は、水に入れただけ全部あるのか、少しはなくなったのか」とさらに揺さぶりをかけて問いかける。

天秤を持ち出し、使い方を指導する。（利き手側の）右の皿に、出し入れをする物。反対の左の皿に、一度だけ載せるものを使うと解説する。

まず、各班で、5gの食塩を測りとらせる。薬包紙を両方に敷き、右の皿に食塩を、薬さじで加減して、左の皿の5gの分銅とつりあわせる。

次に、ビーカーとガラス棒と水を合わせたもの150gを測りとらせる。

先生は、電子天秤を各班に持って回り、各班が測定した食塩とビーカーの水の重さを個別に検証する。結果の近さを先生と児童の各班とで競い合うことで、天秤の操作技術を訓練させる。

次に5gの食塩を水に入れて溶かし食塩水溶液を作るが、これが155gになっているかどうかである。

再度、電子天秤を各班に持って回り、算数での計算、5g＋150g＝155gが示す通り、少しもなくならないで全部あるかを調べる。

各班での計測結果を、再び、電子天秤を各班に持って回り、数値の正確さ競い合わせる。子どもたちには、算数の世界と理科の世界は違うという子も出てくるが、実験事実で検証できるのが、理科の強みである。

最後に、教師の計測したものを使って、演示実験で決着をつける。

こうして、「物が水に溶けても、全くなくなっていない。それは重さが保存されているので、目に見えなくても水に溶けた物（溶質）は水溶液の中にある。」ことを科学的真理として学ばせる。

8. 食塩・砂糖・ホウ酸の溶解限度

ねらい 物が一定量の水に溶解する量には限度がある。

準備物： 試験管　試験管立て　薬さじ　食塩・砂糖・ホウ酸の小さい試薬ビン

食塩・砂糖・ホウ酸はどれも水にとけることを示しておく。

前回は、重さの測定の正確さを競ったが、今度も競い合わせる。

「水に溶ける物で、水に溶ける限度があるか、それとも、水に溶ける物は限度なくいくらでも溶けるのか。限度があるとしたら、三つの中で、どれが水に溶ける量が多いのかを探す」レースであることを告げる。

運動会の徒競走をイメージさせて、レースに要求される、同じにしておく量は何かを考えさせる。

それは、入れておく水の量、1杯に入れる粉の量、「溶けた」という基準である。

同じ大きさの試験管を3本用意し机の上に並べて立てる。スポイトを使って、机から5cmの高さに水を揃えて入れる。粉は、薬さじの小に山盛り一杯ずつにする。このように、レースのルールを簡単なものにしておく。

そしてもう一つ大切なことは、いれた粉が完全に溶けてから（入れた粒が見えない・底に沈んでいない）、次の一杯を入れるというルールである。かき混ぜ方についても、親指で試験管の口を押さえたりしないこと。机の数cm上で、机に平行に円を描くように手首を使って混ぜることを教えておく。

用意、ドン。初めに溶解限度がわかるのはホウ酸である。次は食塩。砂糖は（授業時間内では限度を見つけられないで）いくらでも溶けていきそうである。そのとき、砂糖の水溶液の試験管を、他の試験管と比べて注意深く見ると、砂糖だけは、水溶液の量（体積）が増えている。

すべての班で、食塩の限度が見つかった頃、ストップをかける。「溶解限度表」を示し、水に溶ける物でも、もうこれ以上溶けない限度があることを語る。水に溶ける限度いっぱい溶けている水溶液を飽和水溶液ということを知らせ、

固体の物が水100gにとける量　　（単位：g）

温度＼物質	20℃	40℃	60℃	80℃
さとう	204	238	287	362
りゅう酸銅	20.0	28.7	39.9	56.0
ホウ酸	4.9	8.9	14.9	23.5
重クロム酸カリウム	12.2	26.0	46.5	70
食塩（しょくえん）	35.8	36.3	37.1	38.0
水酸化カルシウム（せっかい）	0.13 (25℃)	0.11	0.09	0.08 (70℃)

【理科年表】

溶解度表

最後に、すべての水溶液を教卓の大きなビーカーに回収する。

┌─〔家での実験〕───────────KTK─┐

さとうは水にどれだけ溶けるかの実験をしたとき、時間がなくて、砂糖が水に溶ける限度ははっきり分からなかったので、家で実験をしてみました。

コップには、ほんの少ししか水が入っていなかったのに、さとうは、何杯入れてもすぐに溶けたのでびっくりしました。やっと溶け残りができて、どんなに甘いかためしに飲むと、甘すぎて、はきそうになった。今度はもっとましな実験をしてみよう。

└────────────────────────┘

9. 飽和水溶液の溶解限度と水の温度

ねらい　水への溶解限度は温度によって変わる。

準備物：試験管　試験管立て　薬さじ　食塩・砂糖・ホウ酸の小さい試薬ビン　加熱用のアルコールランプ（バーナー）　冷却用の水を入れたビーカー（または流水）

前時に、飽和水溶液になった飽和食塩水と飽和ホウ酸水を集めておいた。それぞれを、改めて試験管に取り、次の課題を出す。

「飽和食塩水と飽和ホウ酸水を試験管に取りました。それぞれ、全く無色透明で、普通の水のようにも見えます。ここでそれぞれに、次の一杯の食塩・ホウ酸を加えます。このとき、「少しだったら新たに溶けるか、それとも全く溶けないか。」では、どちらだと思いますか。」

子どもたちの意見を聞いて実験をする。どちらも、新たな1杯は、全く溶けないことがわかる。

そのあと、「あとから入れた食塩・ホウ酸は全く溶けなかったけれど、これを溶かすにはどうしますか。」と問う。

子どもたちからは、「水の量を増やせばとける。」との声が出るだろう。

その声を受けて、実際に水を足して溶かして見せる。

そのあとで、「水の量を増やせば溶けることはわかりました。次は、これらの飽和水溶液で、水の量を増やすことをしないで、溶け残りを無くすことはできないでしょうか？」とさらに問いかける。

子ども達から「加熱して、水溶液の温度を高くすれば良い。」と声が出ればよいが、出なければ、「紅茶などに砂糖を溶かすとき、お湯と水ではどちらが良く溶けるかな？」などのヒントを出して、加熱して水温を上げると溶ける限度が増えそうだとの見通しを引き出してから、実験をする。

実験では、水を沸騰させないように注意し、振り混ぜながら試験管を加熱する手法を教え、演示実験でまず示す。

水温を上げていくと、限度を超えたホウ酸飽和水溶液が、溶け残りがなくなる。飽和食塩水の方はほとんど変化しない。

流水などにさらして水温を下げると、一度溶けていたホウ酸水から、水温が下がったため飽和の限度が下がったので、水溶液からホウ酸の結晶が析出してくる。

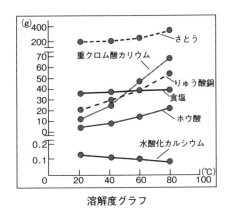
溶解度グラフ

主な固体の溶解限度表と温度による変化を示したグラフを配り解説する。

解説されたことを頭に描き、グラフを読み取ることを求めて、子どもたちにも追実験させる。

10. 水で溶ける物と溶けない物（発展）

ねらい 生活の中で活用されている溶解を学ぶ。

準備物：油性インク　不要な下敷き　ぼろ布（またはティシュペーパー）　水　アルコール　マニキュアの除光液

不要な下敷きに油性インクで落書きをする。「この落書きを水で落とすことができますか？」と聞く。

子どもたちは、水では落ちないと答えるだろう。試してみて、落ちないことを示す。

「油性インクの落書きが水で落ちないということがわかりました。油性インクは、水に溶けますか？」と聞くと、「溶けない。」と応えてくれる。「だから、水や水溶液では落とせないのだね。しかし、もし、油性インクを溶かす液体の物があれば、落書きを落とせるかもしれないね。」と語り、落とせそうな液体の名を発表させる。

「アルコールはどうかな？」と語り、アルコールを演示で試して見せる。少し、にじむがしっかりとは落ちてくれない。

「お母さんが手の指や足の指につけたマニキュアを落としているのを見たことがあるよね。」と語り、マニキュアを落とす除光液を見せ、演示で試して見せる。

「油性インクの落書きが除光液で消せたということは、油性インクのインク成分と除光液はどんな関係ですか？」と問うと、「油性インクは除光液に溶けた。」「除光液は、水が砂糖を溶かすように、油性インクを溶かすことができる。」と答えてくれる。

次に、試験管にアルコールを入れる。無色透明で水と同じように見える。「これは、水ではありません。アルコールです。このアルコールの中に、食塩を薬さじの小で1杯だけ入れます。食塩は水のときと同じようにアルコールに溶けるでしょうか？」と聞く。

子どもたちの予想を聞き、討論に深入りしないで実験に移る。

試して見せる。食塩はアルコールの中で沈殿している。「溶け残りが出ているので、水とは違って、アルコールにはほとんど溶けたようには見えないよね。」と解説する。

次に、試験管2本に食塩水を作る。1本を持ち、「水を入れるとどうなるかな？」と問う。子どもたちは「薄い食塩水になる。」と答えてくれる。実際に試して見せる。

もう1本の食塩水の試験管を持ち、「この食塩水に、アルコールを入れるとどうなるかな？」と聞く。「薄いアルコール食塩水になる。」と答えてくれるであろう。

ところが、実際に試して見せると、まるで、一瞬にして飽和食塩水ができたかのように、食塩が析出してくる。

「食塩は、水によく溶ける物ですが、アルコールにはほとんど溶けなかったよね。また、アルコールと水は、お互いよく溶け合います。だから、食塩水にアルコールを注ぐと、アルコールは、食塩水から水を奪い取るのです。水が食塩水から奪われるので、水がなくなったのと同じで、水に溶けていた食塩が外に出るしかなくなって、結晶になって出てきたのです。」

「また、水に溶けない物でも、除光液によく溶ける物がありましたね。このように、物には、

それぞれ個性があります。物によって、何かに溶ける・溶けないという個性が違います。」

次に進む。「手にオイルをつけます。水ではオイルを洗い流そうとしても、油汚れはなかなか落ちません。それは、水と油は溶けあわないからですね。」と語りながら、やってみせる。

「そこで、石鹸で手を洗います。石鹸で油汚れが落ちますね。石鹸で油汚れが落ちるのは、石鹸の方に特別な仕組みがあります。実は、石鹸は、溶けあわない油と水の両方に仲良しなのです。」

「石鹸の1つの分子は縦長の分子です。その石鹸分子の両端の性質が違っていて、一方が水と、他方が油と仲良しなのです。それを、親水基、疎水基と言います。だから、疎水基は油と仲良しです。

油汚れを、油と仲良しの疎水基が包み込んで生地から剥がし取ります。このとき、外側は、親水基になりますね。親水基は周りの水と仲良しです。このように、油をたくさんの石鹸分子が取り囲んだものをミセルと言います。外向きは親水基のミセルを作るので、取り込まれた油汚れは、水の中に浮遊できるのです。こうして、油汚れは手から剥がされ、水と仲良くなって、流されていくのです。」

このように、手を洗って油汚れを落としながら、洗濯の原理を解説する。

このようなことを語るのは、溶解の学習を、教科書の世界だけにとどめておかないというねらいがある。こうして、溶解学習を身近な生活で活かすことができるように高めるという（真の）発展学習ができる。

このことは、子どもたちの中に、「理科はまんざらでもない。役に立つ教科だ。」という思いを醸成する。授業で発展させた内容を学び、科学として身に付けることは、有益なのだと実感を生む。子どもたちのサイエンスリテラシーを高め、生きた自然科学学習へ導くことの一端である。

〔水道水について〕━━━━━━━━━ＭＭＹ━

いつも私たちが使っている水道水は、一度水をきれいにして、またつかい直し！というのをしているけれど、なんか、まだ石けんやよごれが入っているような気がしてならない…。あれって本当にきれいになっているのだろうか…。う〜ん、あの水は飲んでも良いって言われているけれど、家の人はみんな飲まない。なんか、水道水の水って本当に本当に飲みにくい感じがする。あれって、本当にきれいになっているのかなぁ…。

11　料理と溶解　マヨネーズ作り　（発展）

ねらい　10と同じ（料理・生活と溶解）。

準備物：マヨネーズ　酢　サラダオイル　卵　ドレッシング　ボール　レタス・トマト・キュウリなどの野菜　ハム

この授業は、家庭科との合科実習として行うことが望ましい。調理器具も家庭科室の物を使う。

「味噌汁やお吸い物の出汁は、カツオや昆布から、イノシン酸やグルタミン酸という旨味成分を溶かしとって活用しています。コーヒーやお茶では、水に溶けるコーヒーやお茶を、水に溶けない豆殻やお茶がらをフィルターで分離しています。

このように、料理の世界では、たくさんの溶ける・溶かすの溶解現象があります。」

続いて、「みなさんは、マヨネーズを知っていますね。マヨネーズは、酢とサラダオイルと卵とで作ります。酢は酢酸の水溶液ですから、油であるサラダオイルとは溶け合いません。スーパーマーケットで売られている分離したドレッシングがこれです。」

「マヨネーズには、ドレッシングにない材料がありました。そうです。卵ですね。この卵が、油汚れを落とした石鹸のように、溶けあわない水と油の間を取り持っているのです。」

「マヨネーズを作るポイントは、お互いに溶けあわない、酢と油を直接に触れさせないことです。まず、卵黄と酢をしっかり混ぜ合わせ一

体化させます。そのあとから、油を少しずつ加えて馴染ませます。」と語り、教員がマヨネーズを作っていく。

完成した教員手製のマヨネーズを、授業の中で、子どもたちに食べさせることはできないので、子どもたちには、市販の分離したドレッシングとマヨネーズを用意しておく。

レタス、トマト、キュウリなどの野菜とハムを切り、盛り合わせたサラダに、マヨネーズやドレッシングをかけて、いただく。

野菜サラダをいただいたあと、溶解学習のまとめをしていく。

┌─〔水溶液〕─────────────IWSK─┐

　私は、みそ汁は水溶液だと思うけれど、溶け残りがあるかないかというと、溶け残りがあると私は思います。そして、うどんなどのつゆは、溶け残りがないと思います。

　みそ汁は、もわもわしているようなものがあるが、うどんなどのつゆにはもわもわしたものはないから、みそ汁は溶け残りがあり、うどんなどのつゆには溶け残りはないと思います。水溶液は、私たちの身の回りにたくさんあると思います。

└──────────────────────┘

【物の溶け方の授業で大切なこと】

教科書などでは様々な学習活動をさせています。しかし、そこには、最も根本的なことが忘れられていると思います。それは、「物が水に溶けるとはどうなることをいうのか」という溶解の基準性についての学びです。

物が水に溶けていくとき、物（溶質）は、水（溶媒）によって突き崩されていき、どんどん小さくなっていきます。そして、光の波長並の大きさまでに小さくなるので、目に見えなくなるのです。だから、物が水に溶けた液（水溶液）は透明です。しかし、目に見えなくなっても、なくなったわけではないのです。この水溶液は透明であることの学びが、溶解学習の出発点です。

このとき、無色透明になる砂糖や食塩などの溶質に限っていては、分かる世界も認識することができません。というのは、水と水に何か物が溶けている無色透明な水溶液を、見ただけで区別することは、まずできないからです。同様に、水溶液はかき混ぜていなくても常に均一であることは、無色透明な水溶液を見ただけではわかりません。

そこで、有色透明の水溶液と有色懸濁液を使います。色を通じて水の中で起こっているミクロの溶解現象を、マクロの世界において、目にとらえることができるのです。

有色水溶液をろ過すると、色がついたろ液になります。溶質はろ紙の隙間を通れるほど小さい粒になったのです。一方、有色懸濁液の場合、粒はろ紙に引っかかりろ液に落ちません。ろ紙の繊維の隙間より十分に大きいので通れないのです。だから、ろ液は無色透明になっています。

見えない世界のミクロのレベルで、水が物と衝突を繰り返しているので、かき混ぜ棒で撹拌していなくても、①物（溶質）は水の中を拡散していきます。このことで、②溶液は常に均一になっています。一度、溶質が水に溶解すると、溶質と水とで、元の密度に違いがあっても、溶解し続け、③水から溶質が分離して析出してこないのです。

これらの現象には、化学で学ぶミクロの世界の法則性があります。小学生の溶解学習では、化学そのものを学ぶわけではありません。しかし、こうしたミクロの法則性が、「水溶液は必ず透明で、均一になっていて、分離してこない」という、小学生でも、目で見て捉えることのできるマクロの事実を導いているのです。

溶解学習では、合わせて、ろ過や天秤操作などの技術も身につけてもらうことも大切にしたいものです。

「ふりこ」から「振動と音」へ

自然科学教育研究所
小佐野 正樹

単元のねらい

・物には、きまった振動数がある。
・音が出ている時、物は振動している。
・物の振動数の違いで、音の高低が変わる。
・音は物を振動させて伝わる。

具体的内容

1. ふりこやばねの振幅が変わっても振動数は変わらない。
2. 両端を固定したゴム管の振動数を多くすると、音が聞こえるようになる。
3. 音が出ている物は、振動している。
4. ストローぶえを作る。
5. 振動数が多くなるほど、高い音になる。
6. 音は物を振動させて伝わる。

「振動と音」の学習を

教科書の「ふりこ」は、次のふたつの理由で教師も子どもも悩ます単元で、それをどうクリアするかが授業づくりのポイントとなる。

ひとつは、「ふりこ」が学習指導要領で「条件を制御して実験を行う」代表的な教材として位置づけられているので、「ふりこが1往復する時間は、ふりこの長さによって変わる」というだけの結論を導き出すために、ふりこの長さ、おもりの重さ、ふれはばというそれぞれの条件を変えた時のふりこの1往復する時間を何度も調べる実験をし、その結果の平均値を計算し表やグラフにまとめる煩雑な学習で終始していることである。「条件制御の学習先ずありき」ではなく、「ふりこの長さの違い」を比べるだけならばもっと簡単な実験方法を考えればよい。

もうひとつは、ふりこは、この後、中学や高校の力学学習で「ばねふりこ」などで部分的に登場する程度で、それほど発展的な内容をもった学習とは言えないことである。

一方、ふりこもそのひとつである「振動」（きまった1点を通る往復運動）は、つるまきばね、楽器の弦などで見ることができる。物の振動は、音の振幅や振動数を理解する時にもその基礎的な概念となるもので、以前は「音」の学習場面で扱われていたが、現在はまったく姿を消してしまった。2020年度から実施される次期学習指導要領では、3年に「物から音が出たり伝わったりするとき、物は震えていること。また、音の大きさが変わるとき物の震え方が変わること」という音の学習が新たに加わることになった。

そうしたことも考慮しながら、ふりこの学習を「振動と音」を初歩的にとらえる学習のきっかけにしたい。

指導計画と各時間のねらいと展開

1 時間目 ふりこの振動数

ねらい ふりこの振幅が変わっても、振動数は変わらない。

スタンドに下げた糸の先にゼムクリップを結び、そこに5円玉1個をひっかけたものを見せ、適当にゆらして往復運動する様子を見せる。これを「ふりこ」と言い、こうした往復運動しているものにどんなものがあるか簡単に話しあう。「ふりこ時計」「ぶらんこ」「メ

トロノーム」「ワイパー」などが出される。

その後、スタンドに下げたふりこを適当にゆらして、10秒間にふれる回数をみんなで数える。そして、次の課題を出す。

課題 ふりこを大きくゆらした時と小さくゆらした時では、10秒間にふれる回数は違うだろうか。

子どもたちからは、「大きくゆらした方が往復する時間がかかるから、ふれる回数は少なくなる」「小さくゆらした方がゆっくり動くからふれる回数は少なくなる」「大きくゆらすと往復する時間はかかるが速く動くし、小さくゆらすとゆっくり動くが往復の距離は短いから、どちらも同じ」などの意見が出される。

グループ実験で、大きくゆらした時と小さくゆらした時とで10秒間にふれる回数を調べると、回数は変わらないことが分かるので、大きくゆらしても小さくゆらしてもふれる回数は同じであることがたしかになる。

この時、グループによって糸を25cm、50cm、100cmなどいろいろな長さにしておいて、それぞれのグループの結果を比べてみると、糸が短いとふれる回数は多く、糸が長いとふれる回数は少なくなることがたしかになる。こうした性質を利用した「ふりこ時計」の話をする。

〔ふりこ時計の話〕

昔は右のような時計があり、時計の文字ばんの下でふりこが動いているので、ふりこ時計とよばれていた。ふりこ時計は、ふりこの長さが決まっていればいつも同じ間隔でふれる性質を利用して針が時間をきざむようにした時計である。

ところが、夏には気温が高いせいでふりこが少しのび、時計がおくれることが多かった。そこで、ふりこの下のおもりを少し上に上げて調節した。反対に、冬には気温が低くなるので、ふりこがちぢんで時計が進んでしまう。今度は、ふりこのおもりを少し下にさげて調節していた。

決まった所を往復することを「振動」、ふれる幅を「振幅」、1秒間にふれる回数を「振動数」と言い、振動数は「○回／秒」で表すことを教える。

なお、教科書では「おもりの重さを変えてもふれる回数は変わらない」ことを扱っているが、後に述べるつるまきばねの場合はおもりの重さを変えるとふれる回数も変わってしまう。このような内容は、小学校の子どもたちに理解させることは難しいので、無理には扱わない。教科書との関係で必要ならば、教師実験でおもりの5円玉の個数を2個や3個に変えても振動数が変わらないことを見せる程度にする。

2時間目 ばねの振動数

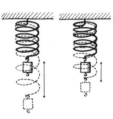

ねらい ばねも振幅が変わっても、振動数は変わらない。

スタンドに下げたつるまきばねに分銅をつるしたものを見せて、分銅を少し下げてから放すと分銅が往復運動するので、これもふりこと同じ振動であることを話す。

次に、ばねの上下に合わせて机をトントン鉛筆で叩いて10秒間の回数を数え、それを10でわると、1秒あたりの振動数が計算できることを教える。

ばねの場合は分銅の往復する距離が振幅であることを説明して、次の課題を出す。

課題 ばねも振幅が大きい時と小さい時で、振動数は同じだろうか。

子どもたちからは、「振幅を大きくすると、上下する時間がかかるから、振動数は少なくなる」「振幅が小さくなっても同じリズムで続いているから変わらない」などの意見が出される。

グループ実験で、振幅が大きい時と小さい時の10秒間の振動する回数を調べると、振幅が大きくても小さくても振動数は変わらないことがわかる。前の時間のふりこの時の結果も思い

「ふりこ」から「振動と音」へ　63

起こして、「ふりこもばねも振幅が変わっても、振動数は変わらない」ことがたしかになる。

3時間目　ゴム管の振動数

ねらい　両端を固定したゴム管の張り方や長さを変えると、振動数が変わる。

※3・4時間目の詳しい授業展開は、次ページ以降を参照。

4時間目　振動と音

ねらい　ゴム管の振動数を多くすると、音が聞こえるようになる。

5時間目　ストロー笛作り

ねらい　ストロー笛を鳴らすと、振動していることがわかる。

課題　ストロー笛を作ってみよう。

子どもの遊びの中でも「自分で音をつくる」

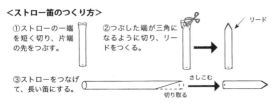

という体験がほとんどなくなっている時に、高学年でも音の学習のひとつとしてとりくみたい。そして、「音が出ている時その物は振動している」ことを体感させ、それを振動の学習へとつなげていきたい。

まず、あらかじめ作っておいたストロー笛を教師が鳴らしてみせる。

次に、子どもたちに材料（ストロー）を配り、10cm程度に短く切ったストローの一端を指でつぶしてから、はさみで三角にとがらせるように切ってリードを作り、口にくわえて強く吹いて鳴らしてみる。音が出ない子どもには、リードを軽く歯でおさえてつぶすとよいことを教える。

その後、音が出ている時、気づいたことを話しあう。「くちびるがブルブルふるえた」「リードがふるえていた」「ストローをもっと短く切ったら音が高くなった」「ストローをつないで長くしたら音が低くなった」「リコーダーのようにストローに穴をあけて指で押さえると音が変わった」などが出される。

6時間目　音の高低と振動数

ねらい　物の振動数の違いで音の高低が変わる。

課題　音の高い低いは物の振動の何に関係があるだろうか。

「ゴム管を振動させた時、ピーンと張ると高い音になった。だから、音の高い低いは振動数に関係ある」「ピアノの弦を見ると、低い音は太くて長いし、高い音は細くて短い。振動数の違いに関係がある」という意見が出される。

モノコード（ギターで代用も可）で細い弦と太い弦、長い弦と短い弦で音の高さの違いを調べる。太い弦より細い弦の方が高い

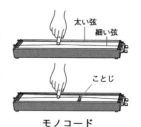

音がする。また、「ことじ」を動かして振動する弦を短くしたり、ピーンと張ると高い音になる。逆に、振動する弦を長くしたり、張り方をゆるくすると低い音になる。このように、音の高低は振動数の違いによることをたしかめる。

この後、「いろいろな楽器の音の高さを変えるしくみを調べよう」と、音楽室にある楽器を調べてみる。木琴、ピアノ、コントラバスなど、どれも弦の細いもの、短いもの、ピーンと張ってあるものほど高い音が出ることをたしかめる。

7時間目　音の伝わり方

ねらい　音は物を振動させて伝わる。

共鳴箱からはずした音叉を見せて、これをたたくと小さな音しか聞こえないことをたしかめる。その後、次の課題を出す。

課題　音叉を叩いて音が小さくなってから鉄の棒の端につけ、もう一方の端に耳をつけると、

音は聞こえるだろうか。

子どもたちからは「音が小さくなると音叉は振動しなくなるから、鉄棒に耳をつけても音は聞こえない」「鉄棒に耳をつけて石でたたいたらすごく響いたから、音はよく聞こえる」などの意見が出される。

ジャングルジムや雲梯、理科室の水道管、階段の手すりなど、なるべく長い金属の棒の端に耳をつけさせ、反対側の端に音叉をたたいてつけると、音が良く聞こえる。「音源（音叉）→金属の棒→耳」と振動が伝わっていることを確認する。

私たちが音が聞こえるのは、物の振動が空気に伝わり、それが耳の鼓膜を振動させて脳に伝えるからという話をして「耳のはなし」を読む。

〔耳のはなし〕

私たちがふつう音が聞こえると言っているのは、物の振動が空気を伝わって耳にとどいているからです。

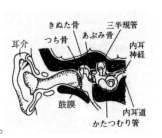

では、私たちの耳はどんなしくみになっているのでしょうか。

「耳介」は音を集める役目をしているところです。耳介で集められた音は、耳の穴、つまり外耳のトンネルを通って鼓膜にぶつかります。鼓膜から奥は中耳と言います。中耳には「つち骨」「きぬた骨」「あぶみ骨」の３つの小さな骨がつながっています。

外耳から入った音が鼓膜を振動させると、中耳の３つの骨はてこの理屈で音を30倍にも大きくして内耳に伝えます。

内耳にはカタツムリとタコがくっついたような、つまりアンモナイトのような形の器官があって、それぞれかたつむり管と三半規管とよばれています。かたつむり管の中には音を感じるものがあって、その働きで音が内耳神経を通じて脳に伝えられ、音が聞き分けられるのです。

3時間目「ゴム管の振動数」の授業展開

【ねらい】両端を固定したゴム管の張り方や長さを変えると、振動数が変わる。

●両端を固定したゴム管を振動させ、振動数を調べる（5分）

内径5mm、長さ2～3mのゴム管の両端を黒板の左右の枠に打った2本の釘に結んで固定する。※1

ゴム管の中央を少し下に引っ張ってから離すと、ゴム管が上下に振動する様子を見せる。

まず、ゴム管を大きめに引っ張って、振動数を数えてみる。「よーいどん」でゴム管を離すと、ゴム管が上下に往復する。そのリズムに合わせて子どもたちが一斉に指先で机をトントンたたく。ストップウォッチを使って10秒たったら「ストップ！」の合図。※2

「何回往復したかな？」「25回だった」「そうすると、1秒間には何回？」「25回÷10秒で2.5回/秒」「振動数は2.5回/秒ということだね」。※3

「今度は、振幅を小さくした時、振動数はどうなるかな？」「いきおいがなくなって遅く動くけれど、細かく動くから変わらないと思う」「ふりこやばねと同じで、動く幅が短くなるとスピードが遅くなって、結局往復する回数は同じだと思う」などの意見が出される。

そんなやりとりをしてから、先ほどよりも振幅を小さくして同じように10秒間に往復する回数を調べてみる。「結果はどう？」「やはり25回、つまり振動数は2.5回/秒で変わらない」。これまでやってきたふりこやばねと同じように、ゴム管でも振幅を変えても振動数は変わらないことを確認する。

●課題を出す（3分）

釘と釘の間隔は変えないで、ゴム管の張り方を強くして結び直してみせて、次の課題を出す。※4

課題 ゴム管を強く張ると、振動数は変わるだろうか。

●「自分の考え」を書く（5分）

　子どもたちは、「自分の考え」を自分の言葉でノートに書く。※5

●意見を聞く（5分）

　考えが大体書けた頃を見はからって、どんな考えの子どもが何人いるか挙手させて意見分布を聞く。

　ここでは、「強くはると振動数は多くなる」「ゆるくはった方が振動数は多い」「強くてもゆるくても振動数は変わらない」「見当がつかない」の４つの意見に分かれるので、それぞれの人数を数えて板書しておく。

　どんな意見があるか、人数の少ないほうから聞いていく。※6

　「強く張るといきおいがついて振動数が多くなるかなと思うけれど、ふりこで糸の長さを変えなかったら振動数も変わらなかったから、見当がつかない。」

　「ふりこでは糸の長さを変えると振動数が変わったけれど、このゴム管はくぎとくぎの間のきょりは変えてないんだから、振動数は変わらないと思う。」

　「強くはるとすぐとまってしまうと思う。だから、ゆるくはった方が振動数が多いと思う。」

　「強くはると、ゴムだからいきおいがついて振動数が多くなると思う。」

●「ひとの意見を聞いて」をノートに書く（5分）

　それまでの話しあいでいろいろな意見を聞いて、もう一度この時点での自分の考えを書く。「○○さんの意見に賛成」や「△△さんの意見

に反対」、または「やはり自分の考えは変わらない」など、自由に書く。

●「意見を聞く」（5分）

　話しあいを通して意見が変わった子どもが何人いるか、挙手させて、その人数を板書する。

　ひとの意見を聞いて自分の意見が変わった子どもの考えを何人か聞く。

　「最初、振動数は変わらないと思ったけれど、ゴム管がぴいんと張っている時は振幅がせまくなって振動数は多くなると思う。ゆるく張っていたら往復する時間が長くなって振動数は少なくなると思う。」

　「ふりこの時は糸の長さが変わらなければ振動数も変わらないから、ゴム管も同じで振動数は変わらないと思ったけれど、糸は強くひっぱってもあまり変わらないけど、今日はゴムだから強くひっぱるといきおいもたくさんついているから、振動数が多くなると思う。」

●ゴム管を振動させ、振動数を調べる（5分）

　ここまでの話合いで、最初にやったゴム管の振動数の2.5回／秒と比べて、強く張り直したゴム管の振動数が変わらないか、変わるかをたしかめることがこの実験の目的であることが子どもたちの共通の認識となる。

　そこで、強く張り直したほうのゴム管で10秒間で何回振動するか、初めにやったのと同じ方法で数える。

　「何回往復したかな？」「40回だった」「そうすると、１秒間には何回？」「４回」「振動数は４回／秒ということだね」

●「実験したこと・たしかになったこと」をノー

※1　しっかりしたスタンドや理科室の水道管などにゴム管の両端を結んで固定しても良い。この時、ゴム管はたるまない程度にゆるく張ると、振動数が数えやすい。

※2　計時係の子どもをひとり決めてストップウォッチを持たせ、その子の合図で数える。本番の前に１度数える練習をする。

※3　１時間目に教えた「振動」「振幅」「振動数」という言葉を教師は意識的に使うようにし、子どもたちが使いこなせるようにする。

※4　「課題」はこの１時間の授業で子どもたちにとらえさせたいことを「発問」の形で示したもの。課題を出すときは、何を聞いているかが全員の子どもに理解できるように、できるだけ具体物を見せながら示す。

※5　子どもたちが「自分の考え」を書いている間、教師はどの子がどんな考えをもっているか、ノートをのぞきこんで見てまわる。そうすることで、このあとの話しあいでは対立した意見を意図的に出しあわせてお互いの考えを深めることができる。

※6　どの子とどの子の意見を出させたら話しあいが深まるか、教師は考えながら指名してゆく。とくに、少数意見や「見当がつかない」子どもの意見には基本的な疑問が含まれていることがあるので、こうした意見を授業では大切にする。

66　小学校5年

トに書く（7分）※7

「実験の結果、強く張らないでやったのが10秒間で27回で振動数は 2.7回/秒だった。強く張った時が40回で振動数は 4 回/秒で、強く張った方が振動数は多かった。やっぱりゴムだからいきおいがついて多かった。そして、数えられないほど速く振動した。ゴム管は強く張れば強く張るほど振動数が多くなることがわかった。ふりこで振動数を調べた時は糸の長さがちがうと振動数がちがくなったけれど、ゴム管の場合はひっぱって強く張ると振動数が多くなることがわかった。」

●つけたし（5分）

つけたしで、「ゴム管の張る強さは同じで、長さが長いものと短いものとでは振動数は違うだろうか」と聞く。※8

「ゴム管を張る強さを変えれば振動数が変わるけれど、ゴム管を短くしても張り方が変わらなければ振動数も変わらないと思う。」「振動数は多くなる。前にふりこの糸を短くしたら振動数が変わったから、ゴム管を短くしても振動数は多くなって変わると思う。」などの意見が出される。

黒板に張ったゴム管の途中を指で押さえて、振動する部分の長さを変えて振動数を数える。短くなるほど振動数が多くなることがたしかめられる。

ノートの「実験したこと・たしかになったこと」の続きに、つけたし実験を書き加える。

「黒板の前に張ったゴム管の途中を手でおさえて、振動する部分の長さを短くした。実験の結果は、短くしたゴム管はものすごく速く振動したので数えるのが大変だったけれど、10秒間で約65回ぐらい振動した。だから振動数は約6.5回/秒だった。短くする前の振動数は4回/秒だったから、短くした方が振動数が多くなるとわかった。手でおさえる所を変えてゴム管を短くしていけばいくほど、振動数が多くなっていくことがわかった。やっぱりふりこの時と同じで、糸もゴム管も長さを短くすると振動数は多くなるとわかった。でも、短くしすぎるとすぐ振動はとまってしまった。」

4時間目「振動と音」の授業展開

ねらい　ゴム管の振動数を多くすると、音が聞こえるようになる。

前の時間に使った黒板の両端に固定したゴム管を見せながら、次の課題を出す。

課題　ゴム管の振動数をできるだけ多くするには、どうすればよいだろうか。

●「自分の考え」を書く（5分）

子どもたちは、これまで学んだことを思い起こしながら「自分の考え」を自分の言葉でノートに書く。

●意見を聞く（5分）※9

子どもたちは、前の時間にやった「ゴム管は強く張れば強く張るほど振動数が多くなる」ということと、「つけたし」で「ゴム管を短くしていけばいくほど、振動数が多くなっていく」ことを学んでいるので、それらを使った意見が出される。

「前の課題の結果を使ってみると、ゴム管を強くはって、ゴム管の長さを短くすればよいと思う。」

「ゴム管が切れそうになるまでのばしてみたら、振動数が多くなると思う。」

「細いゴム管を使えば良い。」

※7　実験した事実が具体的に書けると良い。書けない子どもには実験の様子を思い起こさせてそれを言葉に置き換えてやる。また、早く書けた何人かの子どもに読ませるとそれがヒントになって書けるようになる。

※8　本時のねらいである「両端を固定したゴム管の張り方や長さを変えると、振動数が変わる」と次の時間の「振動と音」とをつなぐ簡単な事実を見せておくための「つけたし」である。ゴム管の途中を指でつまんで振動する部分の長さを変える様子を実際に見せながら、聞く。

※9　この課題は「どうすればよいだろうか」と聞いているから、前時のようにいくつかの対立した選択肢が出るわけではない。そこで、意見分布の人数は調べないで、直接意見を出させることにする。

「ふりこ」から「振動と音」へ　67

●ゴム管を振動させ、振動数を調べる（10分）※10

　まず、長さや張り方は同じで太さの違うゴム管で振動する様子を見る。前の時間で使った内径5mmのゴム管と、新しく内径7mmのゴム管をほぼ同じ長さ、同じ強さの張り方で振動させてみると、細いゴム管のほうが振動数が多いことが目で見てわかる。

　次に、細いゴム管をもっと強く張って振動させると、目で見てもわからないくらい細かく振動して振動数が多くなることがわかる。このゴム管の途中を指でおさえて振動する部分を短くしていくと、さらに振動数が多くなって、やがてブーンと低い音が聞こえるようになる。※11

●「物の振動と音」の話を読む（3分）

　「わたしたちのまわりには、ゴム管やばねのようにいろいろな振動しているものがある。ゴム管の張り方がゆるい時には、振動している様子がなんとか見えたが、ゴム管を強くピンと張ると、振動している様子が速くなって見えにくくなる。そして、振動数が多くなると、音が出るようになる。ふつう、人間が音として聞こえるのは、物が振動して1秒間に往復する回数＝振動数が20回〜20000回になったときである。ゴム管の振動数がその範囲内になって、わたしたちにとって音としてわかった時、音が出たという。」

●「実験したこと・たしかになったこと」をノートに書く（7分）

　「実験の結果、ゴム管を強くはり、長さを短くすると振動数が多くなることが分かった。振動数が多くなるとゴム管はとまっているように見えても細かく振動して動いていた。そして、振動数が多くなると音がなっていることも分かった。音が出るには振動数が1秒間に20回〜2万回ふれると音がなることがわかった。

しゃべっても歩いても字を書いている時も音がなる。ぼくがなにげなく聞いている音も1秒間に20回以上も振動しているんだなあと思ってびっくりした。」

●つけたし（15分）※12

　「音が出ている物は振動していることはどんなことでわかるだろう」というと、「太鼓をたたくとびりびりする」「声を出している時、のどをさわるとふるえていることがわかる」などの意見が出る。

　そこで、「その様子をいろいろな物で調べてみよう」と言って、音叉やトライアングル、シンバル、太鼓などをたたいて音を出し、振動している様子を調べる。音の出ている音叉やトライアングルなどに鉛筆を軽く触れると小刻みに「カチカチ」となったり、水面に軽く触れると水をはねとばす様子など見られる。小太鼓の上に大豆のようなものを置いてたたくと、大豆がとびはねる様子を見せると振動していることが目で見える。

　また、音叉やトライアングルなどをたたいてから手で抑えて振動をとめると、音が出なくなることも見せる。

　こうした打楽器だけでなく、ピアニカやリコーダー、オルガンのような楽器でも同じように「音が出ている物はどれも振動している」ことがたしかめられたら良い。

　ノートの「実験したこと・たしかになったこと」の続きに、つけたし実験を書き加える。

　「音叉を叩いて鉛筆の先を近づけるとカチカチと鳴ることから音叉がすごい速さで振動していることがわかった。音楽室の太鼓やトライアングルもたたくと振動していることがわかった。振動は、私たちの近くにたくさんあるんだなあと思った。」

※10　この課題のように、対立的な意見がほとんど出ない場合は、「ひとの意見を聞いて」の時間はとらないでただちに実験に進む。
※11　ゴム管の音が低いので、注意深く聞き取るようにする。これまで学習してきた「物の振動」から「音」の初めての出あいなので、全員が聞こえるようになるまでたしかめる。
※12　「音が出ている物はどれも振動している」ことを、身近にある様々なものを使ってたしかめさせたい。楽器ばかりでなく、鉛筆と紙がこすれた時、靴と床で音が出ている時など、生活の様々な場面で見られる音まで目が向けられると、「振動と音」の世界が広がるだろう。

◆おわりに◆

　「理科」は何のために学ぶのでしょうか？　大学で教職課程に学ぶ学生たちをサポートしていると、小学校高学年から中学生あたりで理科嫌いになったという声をよく聞きます。

　教育基本法には、教育の目的は「民主的人格の完成」にあると謳われています。スマホを駆使できる大学生が、電気回路の授業で手にした導線を使って、コンセントから直接充電をしようと格闘していました。私は、現代人として、人格を確立するには、ガリレオ以来の近代科学の基礎を身に付けることがどうしても必要だと考えます。義務教育の中で、わかる楽しさと知識を身に付けた喜びを体得して、自然災害の荒波や人間社会の一筋縄ではいかない困難に立ち向かえる勇気と学力が必要です。

　『いつも、玉井先生の実験(授業)を楽しみにしています。予想と結果が違ったときはびっくりしますが、心に残ります。もっとたくさんのことを教えてください。』小学校教員の最後の年に、３年生の児童が送ってくれた校内ハガキです。

　本書を手にしたあなたが、科学的な認識の獲得と論理的思考力を培う「理科」の授業を、ますます進めて行かれることを期待しています。

　本書は、月刊雑誌『理科教室』※の近年の記事を元に、よりわかりやすく加筆改訂し、構成を整理して出版しました。授業の準備や授業づくりの参考にどうぞご活用ください。

　　　　　※　『理科教室』（本の泉社）は、民間の理科教育研究団体である
　　　　　　　科学教育研究協議会（科教協）の委員会が責任編集する月刊誌です。

◎授業づくりシリーズ『これが大切　小学校理科〇年』編集担当
　　　小佐野正樹：６年の巻
　　　玉井　裕和：５年の巻《本巻》
　　　高橋　　洋：４年の巻
　　　堀　　雅敏：３年の巻
　　　佐久間　徹：１＆２年の巻（生活科）

◎連絡先（困りごとやご相談など）
　　授業の進め方、教材など困ったことがあれば、初歩的な質問でも、
　　お気軽にどうぞ。
　　【郵便・電話の場合】　下記「本の泉社」宛に伝言やFAX で。
　　【メールの場合】taiseturika@honnoizumi.co.jp
　　【科教協ホームページ】https://kakyokyo.org
　　このホームページには、研究会や全国のサークル情報を掲載しています。

◎出版　本の泉社
　　〒113-0033　東京都文京区本郷2-25-6-1
　　mail@honnoizumi.co.jp
　　電話03-5800-8494　FAX03-5800-5353

授業づくりシリーズ

これが大切　小学校理科5年

2018年12月13日　　初版　第1刷発行©

編　集　玉井 裕和

発行者　新舩 海三郎

発行所　株式会社 本の泉社

〒113-0033 東京都文京区本郷2-25-6

　　TEL. 03-5800-8494　FAX. 03-5800-5353

　　http://www.honnoizumi.co.jp

印刷　日本ハイコム株式会社

製本　株式会社 村上製本所

表紙イラスト　辻 ノリコ

DTP　河岡 隆(株式会社 西崎印刷)

©Hirokazu TAMAI
2018 Printed in Japan

乱丁本・落丁本はお取り替えいたします。

ISBN978-4-7807-1679-5　C0040

授業づくりシリーズ 『これが大切 小学校理科○年』

定価：本体833円＋税（税込900円）
（学年別全5冊好評発売中）

小学校での実際の理科授業の経験を元に、現在の教科書に合わせて中味や授業の準備、授業の進め方をよりわかりやすく整理しました。活用しやすいように各学年別の分冊です。奥付のメルアドでどうぞ質問等も！

◎**6年の巻の内容**（編集担当：小佐野 正樹）
　ものの燃え方／植物の体とくらし／生物の体をつくる物質・わたしたちの体／太陽と月／水溶液の性質／土地のつくりと変化／てこのはたらき／電気と私たちのくらし／生物どうしのつながり　　ISBN978-4-7807-1680-1　C0040

◎**5年の巻の内容**（編集担当：玉井 裕和）
　台風と天気の変化／植物の子孫の残し方／種子の発芽条件／さかなのくらしと生命のつながり／ヒトのたんじょう／流れる水のはたらきと土地のつくり／電流がつくる磁力＝「電磁石」／「物の溶け方」の授業／「ふりこ」から「振動と音」へ　ISBN978-4-7807-1679-5　C0040

◎**4年の巻の内容**（編集担当：高橋 洋）
　四季を感じる生物観察をしよう／1日の気温の変化と天気／電気のはたらき／動物の体の動きとはたらき／月と星／物の体積と空気／もののあたたまり方／物の温度と体積／物の温度と三態変化／水のゆくえ　　ISBN978-4-7807-1678-8　C0040

◎**3年の巻の内容**（編集担当：堀 雅敏）
　3年生の自然観察／アブラナのからだ／チョウを育てよう／太陽と影の動き・物の温度／風で動かそう／ゴムで動かそう／日光のせいしつ／電気で明かりをつけよう／磁石の性質／音が出るとき／ものの重さ　　ISBN978-4-7807-1677-1　C0040

◎**1＆2年の巻の内容**（編集担当：佐久間 徹）
　自然のおたより／ダンゴムシの観察を楽しむ／タンポポしらべ／たねをあつめよう／冬を見つけよう／口の中を探検しよう（歯の学習）／ぼくのからだ、わたしのからだ／空気さがし／あまい水・からい水を作ろう／鉄みつけたよ／よく回る手作りごまを作ろう／音を出してみよう／おもりで動くおもちゃを作ろう　ISBN978-4-7807-1676-4　C0040

本の泉社　〒113-0033 東京都文京区本郷2-25-6　http://www.honnoizumi.co.jp/
TEL.03-5800-8494　FAX.03-5800-5353　mail@honnoizumi.co.jp

本質的な理科実験

金属とイオン化合物がおもしろい

金属というものは、とても奥が深く、語り尽くすことができません。それだけに、子どもにとっては年齢に応じて、そう、──保育園児から大学院生まで──多様な働きかけができるのです。子どもは針金を叩いたり、アルミ缶を磨いたりするのが大好きです。きっと精いっぱい手を動かすことで、頭もはたらき人間としての発達をかちとっていくからでしょう。このことを自然変革といいます。これがないと子どもは人間として一人前に育っていきません。子どもがはたらきかける対象として金属は最も優れた教材です。（『この本を手にされたみなさんへ』より一部抜粋）

前田 幹雄：著
Ｂ５判並製・192頁・定価：1,700円（＋税）
ISBN：978-4-7807-1633-7

元素よもやま話 ―元素を楽しく深く知る―

私たちのまわりにある、あらゆる物質や生物はすべて「元素」の組み合わせ でできています。私たち自身の体も、「炭素」、「酸素」、「水素」といった元素 を中心に形作られています。その「元素」は、人工的に作られたものを除くと、たかだか100種類にも満たない数しかありません。それらの元素が、くっついたり離れたりして、世界を形作っています。（はじめにより）

馬場 祐治：著
Ａ５判並製・232頁・定価：1,600円（＋税）
ISBN：978-4-7807-1292-6

エックス線物語 ―レントゲンから放射光、Ｘ線レーザーへ―

本書は教科書や解説書ではなく、一般の人に「X線とは何か」ということについてある程度のイメージをつかんでいただくために書かれた「物語」です。ときには科学とあまり関係のない話も出てきます。ですから、あまり肩肘張らずに、気軽に読み進んでいただけると幸いです。

馬場 祐治：著
Ａ５判並製・176頁・定価：1,600円（＋税）
ISBN：978-4-7807-1689-4

本の泉社 〒113-0033 東京都文京区本郷 2-25-6　http://www.honnoizumi.co.jp/
TEL.03-5800-8494　FAX.03-5800-5353　mail@honnoizumi.co.jp